TV Digital Interativa

Blucher

Coleção Pensando o Design
Coordenação
Carlos Zibel Costa

TV Digital Interativa

*Convergência das mídias e
interfaces do usuário*

João Paulo Amaral Schlittler

TV Digital Interativa: Convergência das mídias e interfaces do usuário
2011 © João Paulo Amaral Schlittler
Editora Edgard Blücher Ltda.

Blucher

Publisher Edgard Blücher
Editor Eduardo Blücher
Editor de desenvolvimento Fernando Alves
Diagramação Join Bureau
Capa Lara Vollmer
Projeto gráfico Priscila Lena Farias

Rua Pedroso Alvarenga, 1245, 4º andar
04531-012 – São Paulo – SP – Brasil
Fax 55 11 3079 2707
Tel 55 11 3078 5366
editora@blucher.com.br
www.blucher.com.br

Segundo Novo Acordo Ortográfico, conforme 5. ed.
do *Vocabulário Ortográfico da Língua Portuguesa.*
Academia Brasileira de Letras, março de 2009.

Todos os direitos reservados
pela Editora Edgard Blücher Ltda.

É proibida a reprodução total ou parcial por quaisquer
meios, sem autorização escrita da Editora.

Ficha Catalográfica

Schlittler, João Paulo Amaral
  TV digital interativa : convergência das mídias e
interfaces do usuário / João Paulo Amaral Schlittler.
– São Paulo: Blucher, 2011. – (Coleção pensando o
design / coordenação Carlos Zibel Costa)

  Bibliografia
  ISBN 978-85-212-0643-9

  1. Comunicação e tecnologia – Políticas públicas
2. Sistemas de computação interativos 3. Televisão –
Brasil 4. Televisão digital – Brasil I. Costa, Carlos Zibel.
II. Título. III. Série.

11-13803	CDD-384.550981

Índices para catálogo sistemático:
1. Brasil: Televisão digital: Comunicações   384.550981

Sobre o autor, o tema e o livro

Penso que o volume *TV Digital Interativa*: convergência das mídias e interfaces do usuário, com que João Paulo Amaral Schlittler nos brinda nessa segunda rodada de publicações que a Editora Blucher oferece aos estudantes, profissionais e estudiosos do design, comprova o acerto de conteúdo e o *timing* da Série Pensando o Design, iniciada em 2010.

A área dos estudos em design estava, a meu ver, especialmente carente de trabalhos oriundos da esfera universitária que atendessem à demanda social ocasionada pela emergência de temas e desenvolvimentos inovadores propiciados pela digitalização das novas mídias e tecnologias de informação, especialmente devido à inexorável convergência e interatividade que o setor atravessa. É exatamente tal alcance que esse livro se propôs realizar, e o fez com méritos inegáveis no âmbito da TV digital.

Seu autor é arquiteto e designer oriundo da USP, onde é hoje professor doutor no Curso de Audiovisual da ECA e no Curso de Design da FAU, mas fez seu mestrado e trabalhou no início da carreira em produção de conteúdo e design de identidade corporativa nos Estados Unidos, tendo posteriormente retornado ao Brasil, onde se encontra já há algumas décadas.

Formou, portanto, uma bagagem pessoal e profissional diferenciada, ainda mais que pôde perceber duas faces muito diversas da mesma lide profissional, devido não só à cultura, mas também à posição ímpar que a área do audiovisual norte-americana conquistara mercê de sua excelência profissional e da portentosa estrutura tecnológica de que dispunha.

Sobre o livro, importa inicialmente ressaltar que, no desdobramento do texto de Schlittler, mesmo nas entrelinhas se percebem, além de consideração sobre a já consagrada produção de conteúdo pelo designer, evidências sobre a necessidade e, portanto, a importância do campo de trabalho em design ligado à TV, seja digital ou analógica. É justo entender tais evidências como produtos da experiência profissional cotidiana do autor como designer e professor, na análise e crítica propositiva sobre as etapas de projeto e de produção dos programas ou sobre a criação da identidade audiovisual e o design das chamadas, "promos" e vinhetas em *motion design* desses mesmos programas.

Cumpre lembrar, entretanto, que, embora esse trabalho tenha alcançado sucesso, nem sempre a experiência profissional sobre o embate dos métodos e estratégias científicas nas atividades profissionais retorna em forma de um produto acessível e de interesse imediato para a sociedade – que nos financia e acolhe esperançosa –, sem perder a correção e o interesse acadêmico.

Mais que isso, o autor soube transformar a investigação acadêmica, normalmente árida, em texto instigante no qual sobressai uma visão que só mesmo a experiência longa e constante pode depurar e esclarecer: sua invejável expertise profissional sobre o *motion design*, o design em movimento.

Posso dizer que foi um privilégio raro acompanhar um percurso que logrou juntar e maximizar investigação, experiência profissional e prospecção tecnológica e comportamental. E participar, de quebra, na transformação de parte desse percurso no livro que o leitor tem em mãos.

Carlos Zibel Costa
Coordenador

Agradecimentos

Este livro é o resultado de uma pesquisa que exigiu de mim grande dedicação durante os últimos cinco anos e cujos resultados dependeram não só dos meus esforços, mas da colaboração e apoio de colegas, amigos e professores. Agradeço especialmente:

Ao meu orientador Carlos Zibel Costa, que tem aberto a possibilidade de explorar o design virtual na pós-graduação da FAU-USP, para onde retornei como aluno de doutorado, e com quem tenho lecionado durante os últimos três anos no curso de design, que tem agregado sob o mesmo teto pesquisadores deste novo campo.

A professora Priscila Farias, do curso de Design da FAU-USP, que participou da banca de qualificação e defesa da Tese, pelas sugestões que ajudaram a focar a pesquisa diante das constantes transformações tecnológicas da TV Digital. Sua leitura criteriosa e seus comentários detalhados foram extremamente valiosos e incorporados nesta publicação.

Ao colega e professor Almir Almas, parceiro na busca e introdução de novas linguagens digitais interativas no Curso Superior do Audiovisual da ECA-USP.

Ao Itaú Cultural, pelo estímulo e divulgação desta pesquisa, premiada no Prêmio Rumos Arte Cibernética 2009.

Ao UOL Universo Online, por selecionar este projeto na edição 2010 do UOL Bolsa Pesquisa.

Aos amigos e familiares que apoiaram e opinaram, leram e revisaram meus textos e a vários profissionais e pesquisadores que concederam entrevistas, cederam imagens e informações valiosas para a elaboração deste trabalho.

O presente trabalho foi produzido com o apoio do UOL (www.uol.com.br), através do programa UOL Bolsa Pesquisa, Processo Número 20100211131900.

Trabalho produzido com apoio do programa Rumos Itaú Cultural Arte Cibernética.

Notação

Termos em inglês de uso corrente foram padronizados sem itálico. Os itálicos são utilizados apenas para destaques, ou nomes de livros, jornais, revistas, etc.

Termos como TV, Web, Celular, Internet, Smartphones e Games, quando se referem a "mídia", estão grafados com a primeira letra maiúscula.

Conteúdo

Introdução *13*

1. TV Digital – Estado da Arte   *17*

1.1   TV Digital – Definição, padrões e sistemas   *17*

    1.1.1 O que é TV Digital?   *17*

    1.1.2 Padrões e sistemas de TV Digital no mundo   *27*

    1.1.3 Sistema Brasileiro de TV Digital – SBTVD   *30*

1.2   TV Digital Interativa – TVDI   *31*

    1.2.1 O que é interatividade   *31*

    1.2.2 Interatividade na TV Digital   *34*

    1.2.3 Breve histórico da TV Digital Interativa   *35*

    1.2.4 Tipos de interatividade na TV Digital   *37*

    1.2.5 Serviços interativos na TV Digital   *38*

1.3   Novos Rumos da TV Digital   *43*

    1.3.1 TV Conectada   *44*

        1.3.1.1 Hardware   *46*

        1.3.1.2 Serviços e software   *47*

    1.3.2 TV Social – redes sociais e TV Digital   *52*

    1.3.3 TV Multiplataforma: integração com dispositivos móveis   *55*

    1.3.4 Convergência das mídias e dispositivos audiovisuais   *56*

2. Design de Interfaces e Convergência Digital *59*

2.1 Ciberespaço e Design Virtual *59*

2.1.1 Introdução – ciberespaço e espaços virtuais *59*

2.1.2 Arquitetura e design no ciberespaço *60*

2.1.3 Sistemas virtuais e hipertexto *62*

2.2 Design de Interfaces e Design da Interação *63*

2.2.1 Interação homem-máquina e homem-computador *66*

2.2.2 Interfaces analógicas e interfaces digitais *68*

2.2.3 Metáforas e a linguagem das interfaces *73*

2.2.4 A camada das marcas *74*

2.3 Pioneiros em Design de Interfaces Gráficas *75*

2.3.1 Doug Engelbart – aumentando o intelecto humano *76*

2.3.2 Alan Kay – interface do usuário, sua visão pessoal *78*

2.3.3 A metáfora do desktop *81*

2.3.4 Brenda Laurel – computadores como teatro *85*

2.3.5 MIT Media Lab *90*

2.3.6 Bill Moggridge – IDEO *94*

2.4 Novas Tendências em Design de Interfaces *94*

2.4.1 Interfaces naturais do usuário *95*

2.4.2 Superfícies interativas e tangíveis *99*

2.4.3 Interfaces corporais *101*

2.4.4 Design da experiência do usuário *102*

2.5 Design de Interfaces para TV Digital Interativa *103*

2.5.1 Áreas de interesse no design de interfaces para TVDI *103*

2.5.2 Design para TVDI – disciplinas convergentes *106*

2.5.3 Interfaces gráficas na TV Digital *108*

2.5.4 Controles remotos *112*

    2.5.4.1 Controles infravermelho em celulares *114*

    2.5.4.2 Controles remotos Wi-Fi *116*

    2.5.4.3 Controles por gestos *117*

2.5.5 Usabilidade em TV Digital Interativa *120*

2.5.6 Novas Direções em Design para TVDI *122*

2.6 Design para Mídias Digitais *124*

3. Design para Mídias Convergentes – Interação e Identidade **127**

3.1 Digitalização das Mídias e Dispositivos *128*

    3.1.1 Produção e distribuição de mídias não lineares *128*

    3.1.2 A música como precursora do audiovisual *130*

3.2 Identidade das Mídias *133*

    3.2.1 Especificidade dos aparelhos midiáticos *133*

    3.2.2 Materialidade das mídias *133*

    3.2.3 Representação e metáforas da TV *135*

    3.2.4 Identidade das mídias *137*

3.3 Definindo a Experiência de Assistir à TV *139*

    3.3.1 HDTV e percepção de resolução *140*

    3.3.2 Social VS individual *143*

    3.3.3 Novo paradigma da TVDI *143*

    3.3.4 Novos paradigmas tecnológicos *144*

    3.3.5 O diálogo das mídias *147*

3.4 Controles e Interfaces *147*

    3.4.1 Design e plataformas abertas – dispositivos midiáticos híbridos *149*

    3.4.2 Narrativas e metáforas, o design de dispositivos midiáticos *150*

    3.4.3 Software e cultura *152*

3.5 Design como Facilitador do Diálogo entre as Mídias   *154*

    3.5.1 Design e convergência   *155*

    3.5.2 Design e dispositivos móveis   *156*

    3.5.3 Design e novas linguagens   *157*

4. O papel do designer na TV Digital   *161*

Referências   *165*

Anexo 1 – Tecnologia da TV Digital   *175*

A.1 Resolução e métodos de compressão de vídeo   *175*

A.2 Receptores e conversores para a TV Digital (STBs)   *179*

A.3 Hardware, middleware e software   *182*

A.4 Distribuição da TV Digital   *185*

Anexo 2 – Lista de Siglas   *189*

Introdução

Esta pesquisa tem como objeto de estudo o Design de Interação para a TV Digital, não pelo fato de ser uma plataforma tecnológica que tem apoio das emissoras de TV e do governo, mas por representar uma janela aberta sobre uma realidade aumentada, virtualizada e conectada, passível de ser traduzida em formato compreensível pelos brasileiros. Estamos falando da tecnologia como mídia, como espaço social, um ambiente onde se pode participar, trabalhar, aprender e se divertir.

Até os anos 1990, a penetração da telefonia fixa foi bastante lenta no país, mas em contrapartida o crescimento da telefonia móvel tem sido explosivo[1], atingindo 191 milhões de celulares habilitados em 2010, aproximadamente uma linha por habitante. O índice de analfabetismo no Brasil em 2009 era próximo a 10% dos brasileiros com mais de 15 anos, ainda acima do aceitável[2], o que torna o relacionamento de nossa população com a palavra escrita bastante deficitário. Essa seria uma das possíveis explicações da preferência dos brasileiros pelos meios audiovisuais. Hoje vivemos em uma sociedade permeada por mídias eletrônicas, onde a televisão tem um forte apelo, mas, em contrapartida, temos um compromisso mínimo com as estruturas literárias.

A TV Digital já está sendo transmitida em diversas capitais brasileiras e, segundo o cronograma oficial, deverá estar disponível em todo o território nacional até 2016[3]. Sua implantação ocorre concomitantemente ao crescimento da telefonia celular e ao acesso à internet no país. A introdução de novas tecnologias de telecomunicação tem consequências na educação, no cotidiano familiar, na forma como trabalhamos e nos relacionamos em sociedade, com o governo e com o resto do mundo. O Sistema Brasileiro de TV Digital foi concebido não só como substituto da TV analógica, mas também como um meio de inclusão digital que permitisse o acesso à

---

1 Segundo dados da Anatel, o total de serviços móveis habilitados no Brasil chegou a 191 milhões em setembro de 2010. "Número de celulares no Brasil supera os 191 milhões", *O Estado de S. Paulo*, 22 de outubro de 2010. Disponível em: <http://economia.estadao.com.br/noticias/negocios+servicos,numero-de-celulares-no-brasil-supera-os-191-milhoes,40059,0.htm>. Acesso em: 5/2/2011.

2 Segundo pesquisa do IBGE, a taxa de analfabetismo no Brasil entre pessoas maiores de 15 anos era de 9,7% em 2009. "Analfabetos ainda somam 14,1 milhões de pessoas, segundo PNAD 2009", *O Estado de S. Paulo*, 8 de setembro de 2010. Disponível em: <http://www.estadao.com.br/noticias/vidae, analfabetos-ainda-somam-141-milhoes-de-pessoas-segundo-pnad-2009,606716,0.htm >. Acesso em: 5/2/2011.

3 Segundo o cronograma oficial de implantação do SBTVD, publicado no site www.dtv.org.br.

internet e contribuísse para a convergência das tecnologias de comunicação (BRASIL, 2003)[4].

A digitalização das mídias audiovisuais, permitindo sua ampla distribuição na internet, proporcionou uma interatividade mais avançada do que a prevista nos sistemas de TV Digital. A internet tornou-se uma enorme biblioteca audiovisual, ora de forma aberta como no YouTube, ora em serviços por assinatura como Apple TV e Net Flix. Hoje o tráfego de vídeo já representa metade do tráfego total de dados na internet (ANDERSON, 2010).

Enquanto a TV Digital interativa ainda engatinha no Brasil, vemos o crescimento de novas formas de interatividade, como o compartilhamento de vídeos na internet, muitos gerados pelos usuários que os publicam em sites, blogs e redes sociais. Somam-se ainda canais alternativos de distribuição de vídeos pessoais como a telefonia celular, que tem o potencial de democratizar a produção audiovisual.

O foco inicial desta pesquisa era o design de interfaces gráficas para TV Digital utilizando especificamente a tecnologia da TV Digital terrestre definida pelo SBTVD, sendo que os desafios deste design seriam determinados pelas limitações impostas pelo sistema. No entanto, a convergência das mídias digitais causou impacto na comunicação audiovisual de tal forma, que foi necessário adequa-la a essas transformações.

Este cenário levou-me a repensar o que é TV Digital. A ubiquidade de dispositivos inteligentes móveis e computadores conectados em redes, aliada ao fácil acesso a conteúdo digital, transforma a TV, que deixa, assim, de ser apenas um receptor de imagens e sons. A TV de alta definição (HDTV) permite ao espectador uma experiência que se aproxima do cinema, enquanto assistir à TV ainda é uma atividade primordialmente coletiva, inserida no espaço doméstico ou público. Como é cada vez mais comum nos conectarmos com várias mídias simultaneamente, é necessário repensar a interatividade na TV.

No início da pesquisa, comecei a questionar a viabilidade de utilização do controle remoto tradicional como forma primordial de comando que permite ao usuário interagir com a TV. Diante dos avanços e do crescimento da telefonia celular, passei a investigar como essa plataforma poderia convergir com a TV Digital e incorporar vantagens de cada uma delas ao objetivo de facilitar a interatividade.

---

4. Conforme o Decreto n. 4.901, de 26 de novembro de 2003, que institui o Sistema Brasileiro de Televisão Digital – SBTVD, e dá outras providências. Ministério das Comunicações; Casa Civil da Presidência da República.

Ao estudar o design de interação homem-máquina, evidenciou-se a transformação do uso do computador como simples ferramenta em uma nova mídia apropriada à nossa sociedade, que cada vez mais vive entre o real e o virtual. A capacitação de designers, em disciplinas como arquitetura da informação, design visual, design de interfaces e de interação, é fundamental para que eles possam exercer o papel de facilitadores da interatividade na TV Digital.

TV Digital – Estado da Arte

1

1.1 TV Digital – definição, padrões e sistemas

1.1.1 O que é TV Digital?

O Sistema Brasileiro de TV Digital (SBTVD) está paulatinamente substituindo a TV analógica convencional no Brasil. Enquanto ocorre a implantação desse novo sistema, que se iniciou em 2007 e está se dando de forma gradativa – começando pelas principais capitais até chegar a todos os municípios brasileiros em 2016[5] –, receberemos simultaneamente o sinal de TV digital e o analógico no padrão PAL-M[6], para quando está previsto o encerramento da transmissão de TV analógica.

Como veremos nos exemplos a seguir, a maioria das definições da TV digital descrevem-na como uma tecnologia que permite a produção e transmissão da TV utilizando sinais digitais, trazendo como consequência a melhoria da qualidade do som e imagem, mais canais, novos serviços e aplicativos interativos. A *Cartilha da TV Digital*, publicada pelo CREA de Minas Gerais (SOUZA et al., 2007), começa com a seguinte definição: "A televisão digital (TVD) é um sistema tecnológico que permite transmitir e receber o sinal de televisão em formato digital." (SOUZA et al., 2007: 7).

Ao dirigir-se à categoria dos engenheiros, na simplicidade dessa definição, Souza busca estabelecer um parâmetro estritamente técnico antes de analisar as consequências da introdução dessa tecnologia.

No site DTV.org.br, publicado pelo Fórum SBTVD[7] com o objetivo de esclarecer o público em geral sobre a implantação da TV Digital no Brasil, encontramos orientações de como receber a TV Digital, notícias, perguntas e respostas

5 <http://www.dtv.org.br/index.php/onde-ja-tem-tv-digital/evolucao-da-tv-digital/>

6 O sistema de TV analógico PAL-M, adotado no Brasil nos anos 1970, é derivado do sistema PAL europeu semelhante a outros sistemas de TV analógicos como o NTSC norte-americano quanto ao aspecto de imagem 3x4, o espaço de cor RGB e o fato de a imagem ser composta por campos entrelaçados. As linhas que compõem a imagem da TV analógica são entrelaçadas, isto é, as linhas ímpares ou as pares alternam-se na tela da TV, mas a nossa retina registra uma imagem única devido à velocidade com a qual elas se desenrolam. Isso faz com que a resolução efetiva seja metade do número de linhas. No sistema PAL-M são transmitidas 525 linhas de vídeo a 60Hz e 30 quadros por segundo, enquanto no sistema PAL Europeu são transmitidas 625 linhas.

7 O fórum SBTVD é uma organização sem fins lucrativos da qual participam empresas públicas e privadas, emissoras de TV, institutos de pesquisa e universidades. O Fórum SBTVD é composto por cinco módulos: Mercado, Promoção, Propriedade Intelectual, Promoção e Técnico. O endereço do site é www.forumsbtvd.org.br, uma referência importante para os profissionais da TV digital no Brasil, já que nele podem ser encontradas as normas completas da TV Digital publicadas pela ABNT, acompanhando a implantação da TV Digital no país.

frequentes, entre outras informações sobre o assunto. Eles apresentam a seguinte definição:

> O que é TV Digital? É uma nova tecnologia de transmissão de sinais de televisão, que proporcionará gratuitamente ao telespectador melhor qualidade de imagens e sons e uma série de novos benefícios, tais como ver televisão quando em deslocamento e interagir com os programas. (DTV, 2010)[8].

Neste caso, já vemos uma referência às consequências da digitalização buscando promover a adoção da TV Digital. Já o site da Fundação de Proteção e Defesa do Consumidor (PROCON) de São Paulo[9] apresenta uma definição similar à do Fórum SBTVD:

> É uma nova tecnologia de transmissão dos sinais de televisão, com melhoria na qualidade da imagem e do som. Através dessa nova tecnologia, também será possível a interatividade entre o consumidor e a emissora, ou seja, o consumidor poderá ter acesso a informações sobre a programação e outros serviços oferecidos pelas emissoras, através de comandos disponíveis nos novos aparelhos. (PROCON, 2007).

Mas o órgão de proteção ao consumidor logo avisa que "O consumidor terá até o ano de 2016 para se preparar e se equipar para utilizar a nova tecnologia. O consumidor não deve ter pressa e procurar entender como funcionará o novo sistema antes de ir às compras." (PROCON, 2007). Subentende-se que a tecnologia e os produtos no mercado ainda estão em desenvolvimento, assim sendo, o consumidor deve refletir se este é o momento adequado para realizar o investimento necessário para adotar esta nova tecnologia.

A Agência Nacional de Telecomunicações (ANATEL), órgão regulador das telecomunicações no Brasil, estabeleceu em 1999 um termo de cooperação técnica com o instituto de pesquisa CPqD[10] na realização de pesquisas para o desenvolvimento do SBTVD, "dando início ao processo de avaliação técnica e econômica para a tomada de decisão quanto ao padrão de transmissão digital a ser aplicado no Brasil ao Serviço de Radiodifusão de Sons e Imagens". (OLIVEIRA; CARVALHO; JÚNIOR, 2006). Um documento publicado pelo

---

8 <http://www.dtv.org.br/index.php/entenda-a-tv-digital/perguntas-e-respostas-frequentes/1-o-que-e-tv-digital/>.

9 <http://www.procon.sp.gov.br/pdf/OrientaTvDigital.pdf>.

10 "A escolha do CPqD para a prestação desses serviços considerou não apenas o histórico de serviços prestados à Agência e às empresas operadoras da antiga Telebrás, mas o elevado domínio técnico das tecnologias de compressão digital de sons e imagens." (BORDIM et al., 2006).

CPqD sobre o histórico SBTVD reforça as vantagens proporcionadas pela tecnologia da TV Digital:

> A TV Digital não deve ser vista apenas como uma evolução tecnológica da televisão. Trata-se de uma nova plataforma de comunicação baseada em tecnologia digital para a transmissão de sinais. Esta tecnologia proporciona ganhos em termos de qualidade de vídeo e áudio, aumento da oferta de programas televisivos e novas possibilidades de serviços e aplicações. (CPqD, 2010)[11].

Esse documento reflete as mesmas justificativas apresentadas na "Minuta de Exposição de Motivos da TV Digital" (BRASIL, 2003) pelo ministro Miro Teixeira à presidência da República durante o debate sobre a definição do SBTVD em 2003.

> 6. De maneira bastante sucinta, a adoção da tecnologia digital é capaz de oferecer os seguintes benefícios para a sociedade, no geral, e para os usuários, em particular:
> a) novas ferramentas tecnológicas de comunicação para serem utilizadas em políticas públicas de inclusão social e digital;
> b) novos serviços e aplicações de telecomunicações, principalmente aqueles baseados em interatividade;
> c) possibilidade de uma mesma exploradora de serviço de radiodifusão de sons e imagens ofertar um conjunto maior e diversificado de programas televisivos simultâneos; e
> d) melhor qualidade de vídeo e de áudio.[12]

Vemos que as vantagens da digitalização da TV apresentadas hoje pelo CPqD, tanto quanto as apresentadas pelo Ministério das Comunicações em 2003, enfatizam os aspectos inovadores das transformações decorrentes da adoção da tecnologia digital na TV e como isso irá definir novas plataformas e serviços de telecomunicações.

Do ponto de vista do consumidor, essas transformações têm sido muito mais "evolucionárias do que revolucionárias" (MORRIS; SMITH-CHAIGNEAU, 2005). A melhoria da qualidade da transmissão e do som e a alta resolução de imagens a princípio não têm tido grande impacto na percepção dos telespectadores a ponto de fazê-los migrar em massa para

11 <http://sbtvd.cpqd.com.br/?obj=historico&mtd=texto&item=1>.

12 "Minuta de Exposição de Motivos da TV Digital" – Proposta em debate em 25/6/2003. Brasília, junho de 2003. Disponível em: <http://www.mc.gov.br/tv-digital>.

a TV Digital (MORRIS; SMITH-CHAIGNEAU, 2005). Com isso tem sido criada a expectativa de que novos produtos e serviços interativos atraiam os telespectadores a adotar a tecnologia; no entanto, a incorporação desses serviços tem sido bastante lenta. Nos EUA, onde tem se dado prioridade à TV de Alta Definição (HDTV) e há uma grande penetração da TV a cabo, a migração para receptores de TV Digital durante o período de transição foi inferior às expectativas da indústria (LU, 2005).

Na Europa, onde há um histórico de sucesso de serviços interativos na TV, como o videotexto, o legado de receptores e Set-Top-Boxes (STBs) analógicos e a dominância de middleware proprietário nos STBs dos serviços pagos têm retardado a adoção do middleware Multimedia Home Platform (MHP) em alguns mercados (MORRIS; SMITH-CHAIGNEAU, 2005).

No Brasil, a demora da incorporação do Ginga, middleware aberto do SBTVD nos receptores de TV Digital, entre outros fatores, tem frustrado as expectativas de que a interatividade iria impulsionar a migração para a TV Digital.

A TV Digital pode ser compreendida como um processo de digitalização da Mídia TV que traz como consequência o florescimento (amadurecimento) de uma nova mídia. No entanto, as transformações que têm sido decorrentes desse processo não têm alterado o que concebemos como TV, em parte pela dominância das formas tradicionais de conteúdo audiovisual, mesmo que distribuído em novas mídias, e também pelo interesse da indústria de comunicação de massa, em particular as emissoras de TV, em direcionar o desenvolvimento das novas tecnologias para modelos que mantêm os seus modelos de negócio. Essa resistência é similar à que ocorreu com a indústria fonográfica com o advento dos arquivos MP3 e dos serviços de compartilhamento como o Napster.

Os novos serviços e aplicativos interativos que estão sendo utilizados pelas emissoras e a indústria eletrônica como forma de justificar os investimentos no setor, tanto por parte do governo como dos consumidores, têm em sua maioria o objetivo de expandir (realçar) e facilitar o acesso às formas existentes de conteúdo, como é o caso dos guias de programação, um maior número de canais (multiplexing), a TV Expandida ou mesmo o comércio eletrônico e a publicidade interativa. Grosso modo, a tecnologia sendo padronizada nos sistemas de TV Digital enfatiza os processos de produção e distribuição já estabelecidos pelas emissoras e produtoras de conteúdo, de modo a não ameaçar interesses e mercados já estabelecidos.

No entanto, a convergência das mídia tem facilitado a introdução de formas inovadoras e interativas de se assistir a filmes e vídeos, utilizando a internet e redes de celulares cada vez mais rápidas como meio de distribuição. Serviços como Internet Protocol TV (IPTV), sites de compartilhamento de vídeos como Vimeo e YouTube, redes sociais, entre outros, têm sido responsáveis pelo aumento exponencial do tráfego de vídeos na internet (ANDERSEN, 2010). A popularização dessas novas formas de se assistir à televisão tem ameaçado a soberania de grupos tradicionais de mídia como as emissoras de TV, operadoras de TV a cabo (CATV) e satélite Direct to Home (DTH).

Em meados dos anos 1990, quando o FCC estava prestes a aprovar o padrão de TV digital norte-americano, a indústria de computação e do cinema se organizaram através do Americans for Better Digital TV, um comitê ad-hoc, liderado por Bill Gates para contestar as decisões que estavam sendo tomadas pelos conselheiros do FCC (KAVANAGH, 1996). Essas demandas levaram Reed E. Hundt, presidente do FCC, a manifestar seu desagrado sobre a decisão de aprovar o padrão de TV Digital que atendia os interesses do lobby da Grand Alliance, uma invenção da indústria do Broadcast, cujo único interesse era obter o espectro gratuitamente: "A Grand Alliance foi uma criação da indústria da televisão, cujo principal objetivo era garantir que obtivessem o espectro de graça", diz Hundt. "Não é largamente anunciado desta forma, mas é minha opinião." (CARUSO, 1996).[13]

Um artigo do jornal *The New York Times* retrata Hundt cada vez mais cético com a indústria da TV, buscando um bom motivo para frear o processo de aprovação do padrão de TV Digital nos EUA ao dar cada vez mais crédito às objeções pessoais de Steven Spielberg e Bill Gates. Hundt teria afirmado que "não é um consenso da indústria se só as redes de TV estão de acordo." (DONNELLY, 1996).[14]

A definição de Sivaldo Pereira da Silva da TV Digital é mais abrangente que a da indústria da TV:

> A TV digital e seus antecedentes – a TV a cabo/satélite – estão inseridos dentro do que pode ser chamado de "sistemas

[13] Tradução do autor do original em inglês: "*The Grand Alliance was a creation of the broadcasting industry, the primary purpose of which was to make sure they could get the spectrum*" for free, says Mr. Hundt. "*It's not widely reported that way, but that's my opinion.*" (CARUSO, 1996).

[14] Tradução do autor do original em inglês: "*It's not an industry consensus if only broadcasters and manufacturers agree*" (DONNELLY, 1996) em "Determining the Next U.S. Television Standard" David Donnelly, Ph.D., New Telecom Quarterly 3Q96 Austin.

> emergentes de mídia digital": um conjunto de dispositivos de comunicação e seus modelos de serviços que possuem outro design tecnológico e, consequentemente, sustentam potencialidades para outro modo de relação com o usuário, quando comparamos ao modelo analógico anterior. Isto traz novas características para a comunicação mediada em larga escala e muda, de modo substancial, as relações no interior desses processos comunicativos. (SILVA, 2009: 20).

Atualmente vemos novos grandes grupos se fortalecendo na nova economia da informação e passando a competir com os players do mercado de televisão. A introdução de seus serviços e produtos como a Google TV e a Apple TV e a integração de widgets da Yahoo e do Facebook em televisores capazes de serem conectados diretamente à internet demonstram como essas empresas têm dado a volta por cima dos padrões de TV Digital ao distribuírem soluções que, embora sejam proprietárias, têm uma compatibilidade com uma base significativa de computadores conectados em rede.

É claro que essa solução vertical, como é o caso da Apple, tem o objetivo de dominar a distribuição de filmes e programas de TV de modo a sustentar os produtos eletrônicos da empresa. No caso da Google, ela tem feito parcerias com fabricantes de hardware, elegendo o sistema operacional Android, que tem sido incorporado a televisores que podem ser conectados à internet, em clara oposição à Apple.

Como sabemos por experiência de cada um (tem se tornado um prática comum), as soluções da indústria da computação exigem constantes atualizações de software que, por sua vez, demandam cada vez mais do hardware, exigindo processadores mais rápidos, fazendo com que o consumidor acabe trocando de hardware. Por ocasião do debate sobre a definição do sistema de TV Digital nos EUA, em contraponto à posição da indústria da computação, Edward Fritts, presidente da National Association of Broadcasters (NAB), coloca a seguinte posição.

> Esta tentativa na 11ª hora do Bill Gates e de alguns fabricantes de computadores de derrubar este padrão é em seu próprio interesse. Consumidores querem a certeza de TV gratuita. Eles não querem ser forçados a comprar computadores a cada ano somente para assistirem a seus programas favoritos, e eles não

querem ficar pensando se seus computadores vão travar no meio do noticiário. (KAVANAGH, 1996).[15]

Efetivamente, o que tem acontecido é que, com a digitalização, a indústria eletroeletrônica, ao fabricar os aparelhos de TV Digital, não tem escapado do *modus operandi* da indústria de computação. No Brasil, no período que antecedeu a decisão do padrão de TV Digital, os aparelhos de TV de tela plana e alta definição não possuíam um conversor integrado; só recentemente, e em parte por força de lei, é que passaram a ser comercializados dessa forma, de modo a incentivar a recepção da TV Digital terrestre.

No caso do middleware Ginga, que possibilitaria a interatividade, a situação é ainda mais complicada; existem até o momento dois receptores (Sony e LG) com o middleware integrado na TV disponíveis no mercado brasileiro, mas é difícil prever qual será a forma de atualização do hardware e software nessas TVs. A outra opção é a aquisição de um conversor externo que, para ficar em uma faixa de preço acessível, provavelmente terá uma baixa capacidade de processamento, o que inevitavelmente irá levar o consumidor a realizar um upgrade quando serviços interativos se tornarem mais comuns, replicando os problemas da indústria de software mencionados anteriormente.

A questão do canal de retorno que permite a interatividade plena ainda é uma incógnita; os conversores (STBs) preveem a possibilidade de utilização de diversos canais como WiMAx, CDMA, linhas telefônicas, TV a cabo (ZIMMERMAN, 2007), mas não há um consenso, deixando o consumidor, no mínimo, confuso. A limitação do retorno acaba por estimular a produção de conteúdo interativo com interatividade local como o já citado; com o crescimento da internet no Brasil e principalmente das redes sociais, inclusive em camadas sociais mais populares, a ausência desse tipo de interatividade que só é possível com o canal de retorno provavelmente irá frustrar o telespectador que busca a interatividade na TV.

Em contrapartida, o Brasil viu um crescimento exponencial do número de linhas de celulares nos últimos anos, chegando a cerca de 200 milhões no ano de 2010, o que equivale, grosso modo, a uma linha por habitante. Uma vez que as tecnologias de rede dos celulares têm evoluído, ao passo que os preços de acesso a redes de dados têm decaído (embora sejam

15 Tradução do autor do original em inglês: *"On the other side of the issue, National Association of Broadcasters President/CEO Edward O. Fritts says the following: "This 11th-hour attempt by Bill Gates and a few computer companies to scuttle this standard is anti-competitive and self-serving. Consumers want the certainty of free TV. They don't want to be forced to buy new computers and software every year just to watch their favorite TV programs, and they don't want to be left wondering if their computers will crash in the middle of the evening news."*

bastante altos), é possível conceber que esta seja uma forma de canal de retorno não só pela viabilidade tecnológica e econômica que pode estabelecer-se, mas também pelos aspectos culturais do telefone, que é uma mídia de comunicação bidirecional por natureza e, assim, poderá ser assimilado mais facilmente pelo usuário.

Características da TV Digital

As principais características da TV Digital são:

1. Digitalização do sinal.
2. Múltiplas resoluções de imagem.
3. Múltiplos canais de áudio.
4. Interatividade.

No caso do Brasil, o padrão SBTVD-T permite a recepção móvel, como nos meios de transporte ou em receptores portáteis, como celular. A legislação também prevê o acesso à internet, cuja implementação ainda depende de uma definição do canal de retorno (REGIS; FECHINE, 2006).

Essas características são possíveis através de hardware e Middleware. No caso do hardware, refiro-me a monitores que permitem exibir as imagens e os sons transmitidos em diversas qualidades e que tenham a capacidade de processar o sinal digital. Para que haja compatibilidade entre os diversos tipos de dados que trafegam na TV Digital, os sistemas buscam padronizar o Middleware, uma camada comum entre o hardware encontrado nos aparelhos de diversos fabricantes, o sinal transmitido e os aplicativos que serão utilizados na TV e que rodam ou em terminal de acesso na TV.

A TV Digital pode englobar desde imagens em alta definição ou standard, como imagens em resoluções mais baixas, apropriadas para a visualização em um celular. Isso é possível porque a TV Digital, em vez de transmitir imagens moduladas em tempo real, consiste na transmissão de dados modulados em uma faixa de frequência alocada para esse fim. Esses dados não precisam necessariamente representar a codificação audiovisual de um programa de TV, podem também incluir outros sons, imagens, textos, programas de computador, informação e mesmo outros vídeos que são digitalizados e transmitidos pelos canais de dados que acompanham a transmissão da

TV Digital. A decodificação dos dados através de um Middleware instalado no receptor ou conversor de TV Digital permite a interatividade do telespectador ao acessar serviços interativos, aplicativos computacionais, jogos eletrônicos.

Uma das características mais divulgadas da TV Digital é a possibilidade de transmitir imagens com qualidade superior à da TV Analógica, passando a ser conhecida como High Definition TV (HDTV), por possuir alta definição. Mas receber um sinal de TV Digital não significa necessariamente que a imagem seja em HDTV, pois ainda é comum que a captação de programas seja realizada em resolução standard (equivalente à da TV Analógica) e transmitida em HDTV.

A TV Digital possibilita a transmissão de dois ou mais canais de áudio, podendo ser mono, estéreo ou multicanal, como utilizado no esquema Surround 5.1 (no qual uma combinação de diversos canais permite tornar o som especial). Os múltiplos canais de áudio também permitem recursos adicionais de áudio como escolher idiomas em um filme, destacar instrumentos em um concerto, várias locuções em jogos de futebol, entre outros.

Um aparelho de TV Digital deve ter a capacidade de processar os dados que recebe e transformá-los em sons e imagens, exibi-los em uma tela e permitir algum tipo de interatividade. Essencialmente é um computador com a funcionalidade dedicada a receber e exibir sinais de TV. Se considerarmos que os computadores pessoais (PCs) podem ser equipados com uma placa receptora de TV Digital e conectados à mesma tela e aos alto-falantes de uma TV HD, transformando-se efetivamente numa TV, é possível questionar: em que sentido a TV Digital é diferente de um computador? Ocorre que existe uma diferença perceptual entre esses dois modos de recepção definida por serem *mediados* por dispositivos diferentes.

Se abstrairmos todos os detalhes técnicos e nos concentrarmos na forma de *ver* ou *usar* o computador e a TV, vemos que, ao utilizarmos dispositivos digitais, o que define a mídia é a postura do usuário e não o dispositivo propriamente dito. Até recentemente era comum pensarmos em ações distintas: *assistir* à TV e *usar* o computador, mas hoje podemos fazer os dois, acessar a internet e jogar games em uma TV ou assistir a filmes em um computador. Com a proliferação de monitores de alta resolução, está se tornando cada vez mais viável utilizar uma TV como um monitor de computador, possibilitando realizar em um computador tarefas que faríamos em um aparelho de TV.

A funcionalidade de um aparelho de TV analógico estava limitada a pouco mais do que a possibilidade de mudar de canal e regular o volume, mas recentemente as TVs passaram a incorporar entradas e saídas de vídeo, o que expandiu sua funcionalidade e permitiu que fossem utilizadas para assistir a DVDs, jogar videogames, entre outras atividades. A TV Digital integra essas novas funcionalidades na TV; idealmente elas seriam incorporadas no aparelho, mas na maioria dos casos ainda dependem da configuração de um set-top box (STB), um receptor externo que possibilita que o aparelho de TV (que não deixa de ser um simples monitor) receba o sinal digital.

A TV Digital vem substituir uma TV Analógica que em parte já está digitalizada, ou seja, assistimos à programação digital em um aparelho analógico, e o inverso também é verdadeiro, pois podemos sintonizar um canal analógico ou conectar um aparelho de VHS em um aparelho de TV Digital. Inevitavelmente, a digitalização acaba por gerar sistemas bastante complexos, em oposição à experiência passiva da TV, que era bastante simples do ponto de vista do usuário.

Para o usuário, podemos generalizar que essas são especificidades de um mesmo invento – a TV Analógica –, que, como outros meios de comunicação, requerem uma série de convenções de modo a garantir efetivamente a comunicação entre o transmissor e o receptor. Independentemente do sistema de TV, se tomarmos uma posição bastante simplista, a configuração da TV é muito similar em todos os sistemas analógicos: uma antena, um circuito receptor de TV, um monitor de vídeo, um alto-falante e algum método de operar certas funções do aparelho.

Com isso chegamos à conclusão de que a definição de TV Digital deveria ser mais abrangente, já que ela pode representar várias coisas: um padrão de transmissão de televisão através de um sinal digital; a produção de programas de TV utilizando equipamentos digitais; a recepção da TV utilizando dispositivos inteligentes móveis; assistir a conteúdo audiovisual disponível na internet, a filmes sob demanda em um avião, hotel; ou mesmo um canal de vídeo acessado em um videogame.

As soluções que fazem parte dos sistemas de TV Digital são, em sua maioria, consideradas horizontais, por terem como objetivo a recepção gratuita do sinal de TV Digital sendo transmitida no ar, de modo que há uma padronização dos aparelhos e settop boxes. No caso das soluções verticais, como aquelas utilizadas pelas operadoras de DTH e serviços com Apple TV e Google TV, a tecnologia tanto do hardware como o middleware são soluções proprietárias, nas quais o consumidor deve adquirir o equipamento dedicado ao serviço. (SMITH-CHAIGNEAU, 2005).

1.1.2 Padrões e Sistemas de TV Digital no Mundo

Assim como na TV Analógica, diversos padrões de TV Digital foram adotados no mundo. Os principais padrões em uso são: O Digital Video Broadcast Group (DVB), europeu; o Advanced Television Systems Committee (ATSC), norte--americano; o Integrated Services Digital Broadcast (ISDB), desenvolvido no Japão; o Sistema Brasileiro de TV Digital (SBTVD) derivado do ISDB, implantado no Brasil; e o Digital Terrestrial Multimedia Broadcast (DTMB), recentemente adotado pela China. Esses padrões eventualmente foram adotados por outros países além daqueles para os quais foram desenvolvidos. A distribuição global dos padrões em 2011 pode ser vista no diagrama abaixo:

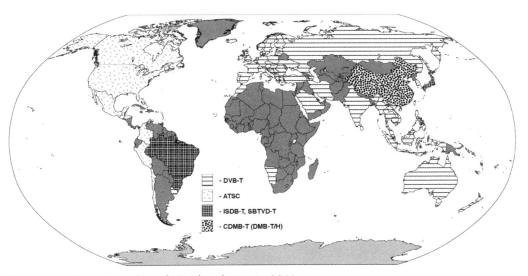

Figura 1.1 – Mapa dos padrões de TV digital terrestre 2011.
Fonte: Wikimedia Commons – Licença GNU1.2

DVB – A Europa foi pioneira na adoço de um padrão de TV Digital (GAWLINSKY, 2003), com o Digital Video Broadcasting (DVB), padrão que possui a especificação de um middleware, o Multimedia Home Platform (MHP), possibilitando que aplicativos interativos desenvolvidos por provedores de conteúdos diferentes rodem em receptores e STB's de diversos fabricantes (DVB PROJECT, 2000). Esses serviços interativos tornaram-se bastante comuns na Europa desde o final dos anos 1990, e diversos exemplos são apresentados mais adiante neste capítulo. O padrão DVB também foi adotado pela maioria dos países da América Central e do Sul, em alguns países do continente africano, no sul da Ásia e na Austrália.

ATSC – O padrão American Television Standards Committee (ATSC) foi desenvolvido no início da década de 1990 pelo consórcio Grand Alliance formado por empresas de telecomunicações e da indústria eletrônica. Este padrão substituiu o padrão analógico norte-americano NTSC. Desde 12 de junho de 2009, todas as emissoras de TV nos EUA passaram a transmitir digitalmente no padrão ATSC. O formato privilegia a TV de alta definição (FERNANDES; LEMOS; ELIAS, 2004) e tem havido pouco interesse por interatividade na TV, embora haja bastante integração dos canais de TV com sites das emissoras na internet. Como grande parte do país assina TV a cabo ou via satélite, muitos não perceberam a mudança, pois não dependiam da transmissão terrestre para receber um sinal digital. O site www.dtv.gov esclarece dúvidas sobre a transição para TV Digital.

ISDB – Embora o Japão tenha sido um dos pioneiros na transmissão da TV em alta definição, no formato widescreen nos anos 1980 (PEREIRA; BEZERRA, 2008), a transmissão de vídeo HDTV, originalmente analógica, utilizava o padrão Muse "Hi-vision", que foi substituído pelo padrão atual de TV Digital no Japão, o Integrated Services Digital Broadcast (ISDB), mantido pelo Association of Radio Industries and Business (ARIB), órgão normatizador da indústria de radiodifusão no Japão. No Brasil, adotamos um padrão derivado do ISDB, o ISDB-T, como padrão de transmissão para o SBTVD.

DTMB – O sistema Digital Terrestrial Multimedia Broadcast (DTMB), adotado na China, é o mais recente padrão de TV

Digital adotado no mundo, fato que traz algumas vantagens, pois a incorporação de novos avanços em codificação de dados faz com que seja um dos mais avançados do mundo. O padrão cobre tanto receptores fixos como móveis, mesmo que estejam em alta velocidade, e é bem menos suscetível a interferências que os padrões implantados anteriormente (KARA-MCHEDU, 2009). O padrão DTMB foi adotado em Hong Kong e Macau e tem sido considerado para ser adotado pela Venezuela (SONG, 2008).

SBTVD – No Brasil, o Sistema Brasileiro de TV Digital (SB-TVD) foi adotado em 2006 (CRUZ, 2008). Hoje, as principais redes de TV já transmitem sua programação em HDTV digitalmente em algumas capitais e alguns testes de programas interativos têm sido realizados. Gradativamente, este padrão irá substituir o padrão PAL-M analógico ainda em uso na maioria dos receptores de TV no país. Como padrão de transmissão terrestre do SBTVD, foi adotado o padrão ISDB-TB (SOUZA et al., 2007), e o TB é a abreviatura de Terrestre Brasileiro, permitindo várias resoluções de compressão de vídeo. O middleware Ginga, desenvolvido em universidades brasileiras, permite a utilização de aplicativos interativos. A tabela abaixo sintetiza as características do sistema:

Tabela 1.1 – Especificações técnicas do padrão ISDB-TB

Aplicações	EPG, t-GOV, t-COM, Internet
Middleware	Ginga
Compressão de áudio	MPEG-4 AAC 2.0 , 5.1 canais
Compressão de vídeo	MPEG-4 H.264 HDTV/1080i (1920 colunas por 1080 linhas entrelaçadas, 16:9) HDTV/720p (1280 colunas por 720 linhas progressivas, 16:9) SDTV/480p (720 colunas por 480 linhas progressivas, 4:3) LDTV/1SEG (320 colunas por 240 linhas, 4:3)
Transporte	MPEG-2 TS
Modulação	COFDM dividido em 13 segmentos da portadora de 6 MHz

Fonte: Wikipedia

1.1.3 Sistema Brasileiro de TV Digital – SBTVD

Em 2003, foi assinado um decreto presidencial instituindo o Sistema Brasileiro de TV Digital (SBTVD), com o objetivo de estabelecer o padrão de TV Digital a ser adotado no país, a forma de exploração do serviço de TV Digital e o prazo do início das transmissões de TV Digital no Brasil. Foram realizadas pesquisas para o desenvolvimento do SBTVD em três áreas: tecnologia, regulamentação e conteúdo, inicialmente financiadas com recursos provenientes do Fundo para o Desenvolvimento Tecnológico de Telecomunicações (FUNTTEL).

Os principais focos do debate em torno da implantação da TV Digital no Brasil giraram em torno da definição das características ou vantagens do sistema mais adequadas para impulsionar o desenvolvimento da TV Digital no país. Do ponto de vista dos telespectadores, espera-se que os consumidores sejam exigentes quanto aos recursos e serviços disponíveis no novo sistema, devido ao custo que eles irão ter para fazer um *upgrade* ou receber os novos serviços.

Em junho de 2006, definiu-se a escolha do padrão japonês ISDB-T como base para o desenvolvimento da TV Digital no Brasil, e que ficou também conhecido como ISDB-TB. Em novembro de 2006, foi instaurado o Fórum do Sistema Brasileiro de TV Digital, do qual participaram representantes da indústria, universidades, institutos de pesquisa e do governo, com o objetivo de assessorar o comitê de desenvolvimento da TV Digital (Fórum SBTVD 2010).

Em dezembro de 2007, ocorreram em São Paulo as primeiras transmissões de TV Digital no Brasil; em seguida, outras cidades passaram a realizar transmissão de TV Digital, de acordo com um cronograma que define que em um período de dez anos todos os municípios brasileiros irão receber o sinal da TV Digital. Segundo o cronograma do governo, em 29 de junho de 2016 irão ser encerradas as transmissões da TV analógica no Brasil (DTV.ORG, 2010).

Para receber o sinal de TV Digital, os telespectadores terão que comprar uma caixa receptora conversora para que os aparelhos atuais sejam capazes de receber o sinal, ou comprar um aparelho de TV com um receptor digital incorporado no aparelho. A maioria das TVs digitais que incorporam um receptor de TV digital são os de HDTV, com monitor de tela plana de cristal líquido (LCD), plasma ou diodo emissor de luz (LED) e com resolução mais alta (Full HDTV 1920x1280). Estes, inicialmente, mais caros que os analógicos, estavam fora do alcance da maior parte da população. Com o início da produção em grande escala, seu custo está se reduzindo gradativamente.

Do ponto de vista dos produtores de conteúdo, a produção de vídeo em alta resolução deverá ser muito cara no início e inacessível para várias emissoras, principalmente as dos mercados locais com orçamentos menores. Assim sendo, espera-se que, por um período após a introdução da TV Digital no país, uma parte da programação ainda seja transmitida em resolução standard, equivalente à atual no sistema analógico (640x480 pixels ou 720x486 no sistema digital).

Com a pressão das emissoras em razão dos longos prazos de desenvolvimento de um chip nacional, o governo brasileiro incorporou o padrão ISDB no Sistema Brasileiro de TV Digital (SOUZA, 2007). No entanto, diversas pesquisas visando desenvolver tecnologia nacional de DTV estavam em curso (e várias continuam em desenvolvimento) em muitos centros de pesquisa no Brasil, como na Universidade de São Paulo, Universidade Federal da Paraíba e na PUC-Rio.

Segundo a *Cartilha da TV Digital* (SOUZA et al., 2007), publicada pelo CREA de Minas Gerais em 2007, o SBTVD prevê a transmissão e recepção de TV Digital por satélite (TVD-S), por cabo ótico e coaxial (TVD-C) ou pelas frequências hertzianas atmosféricas (TVD-T, de "terrestre") e possui cinco camadas software: modulação (8-VSB e COFDM), transmissão (MPEG-2), compressão de áudio e vídeo, middleware (DAS, MHP, ARIB e Ginga) e aplicativos (EPG, T-Commerce, T-Gov, internet, serviços etc.).

1.2 TV Digital Interativa – TVDI

1.2.1 O que é interatividade

Na nossa sociedade contemporânea, o termo *interatividade* tem sido utilizado como um atributo positivo nas mais diversas áreas, não só na indústria eletrônica, mas na educação, no entretenimento e mesmo na arquitetura. O dicionário Houaiss define "interação" como: "influência mútua de órgãos ou organismos inter-relacionados; ação mútua ou compartilhada entre dois ou mais corpos ou organismos" (HOUAISS, 2010). Como vemos, a interatividade pressupõe uma ação mútua, seja com outros seres humanos, objetos ou sistemas. Embora o ser humano tenha sempre "interagido" entre si, com as suas ferramentas e com o seu meio, a interatividade tem ganhado uma importância significativa com o advento das mídias eletrônicas e dos computadores.

A telefonia, por exemplo, sempre foi interativa no sentido em que há um diálogo, mas os meios de comunicação eletrônica como o rádio e a TV passaram a exacerbar o aspecto ativo do transmissor e passivo do receptor na comunicação. Mesmo os jornais e revistas são mais interativos não só porque o leitor pode folhear as páginas, arrancar folhas ou ler na ordem que quiser, mas também porque o leitor pode enviar cartas, ler editoriais de autores diferentes e tem um distanciamento um pouco maior da mídia do que as mídias eletrônicas, em que o processo de recepção é muito mais eficiente.

Com o advento dos computadores, temos duas forças opostas nesse sentido: por um lado, os programas e sistemas computacionais eram extremamente cartesianos, e a utilização deles pressupunha o aprendizado de uma sequência de operações e linguagens específicas que só poderiam ser desenroladas de uma única forma, caso contrário os sistemas não compreenderiam nossas instruções e vice-versa; por outro lado, as interfaces centradas no usuário, o conceito de hipertexto e as redes de comunicação passam a possibilitar um tipo de interação com computadores que nunca havia ocorrido com outras máquinas criadas pelo homem.

As redes de computadores, da mesma forma que tornam cada vez mais forte a sociedade do controle, onde todos os nossos movimentos e informações podem ser monitorados, permitem a comunicação eletrônica bidirecional, com a qual se tornou mais fácil para indivíduos se expressarem e terem uma repercussão que pode competir com as grandes mídias. Estas por sua vez, ao perceberem isso, abrem um espaço de interação de modo a garantir o domínio de seus canais de comunicação.

Essas transformações afetaram inicialmente as mídias impressas (jornal, revistas), depois as sonoras (rádio, música) e, com a viabilização tecnológica da distribuição digital das mídias audiovisuais, a interatividade tem se tornado uma preocupação da indústria de televisão e cinema, tanto nos aspectos territoriais e de direitos autorais como na criação e linguagem. É o caso, por exemplo, da indústria de games, que é uma mídia essencialmente interativa (ao menos nos aspectos operacionais) e que tem se tornado um sério competidor do cinema mainstream.

Segundo Sivaldo Silva (2008), a televisão é um meio de comunicação *top-down* (de cima para baixo), e a participação nunca teve um papel muito importante, mas, com a interatividade entrando em cena, a televisão irá buscar formas de realizá-la dentro dos modelos de sua indústria. A interatividade pode ter diversas conotações dependendo dos valores que estão embutidos nos interesses de quem a promove. Silva (2008) apresenta a seguinte categorização de valores relativos à interatividade:

a) Interatividade como valor mercadológico: quando a interatividade é tratada como um distintivo agregado a objetos, produtos e lugares capazes de receber algum tipo de estímulo do consumidor e propiciar algum tipo de resposta subsequente (brinquedos interativos, museus interativos, livros interativos etc.).

b) Interatividade como valor tecnológico: quando é tratada como uma qualidade técnica avançada, agregada principalmente a aparelhos digitais do tipo "autômatos", programados para receber inputs e produzir outputs de dados ou ações em sua relação com o usuário ou com outras máquinas (computadores, softwares, aparelhos eletrônicos etc.).

c) Interatividade como valor político: quando o adjetivo *interativo* aparece como uma qualidade positiva de algo ou alguém capaz de propiciar trocas de informação de modo mais ou menos horizontal (governo interativo; programa de auditório interativo; peça de teatro interativa etc.).

E conclui que essas noções de interatividade sustentam problemas teóricos pragmáticos e éticos que distorcem ou mesmo esvaziam a noção de interatividade. Vemos uma banalização pelas mídias de massa do que definimos como interatividade, ao se criarem sistemas interativos em que as interações de uma das partes não têm consequências para as outras.

Na conferência TED USP,[16] realizada na Faculdade de Arquitetura e Urbanismo da Universidade de São Paulo (FAUUSP), em 2010, Demi Getschko, um dos pioneiros da

16 <http://www.tedxusp.com.br>. Acesso em: 20/12/2010.

internet no Brasil, comentou que os livros nasceram proibidos e passaram a ser livres, já a internet nasceu livre e passou a ser cada vez mais controlada.

Essa dubiedade relaciona-se com as questões da interatividade de acabei de levantar, pois em um meio como a internet, que, com suas ramificações, permite a interatividade dos que estão conectados, dependendo dos valores atribuídos às ações e a formas de acesso ao sistema, essa interatividade pode ter seu conceito alterado. E, por sua vez, os livros, que, com a digitalização, são passíveis de fugir de qualquer meio de controle eletrônico, ganham um novo significado como forma de liberdade de expressão e de interatividade no sentido apresentado por Habermas, de que é possível haver desacordos na comunicação.

1.2.2 Interatividade na TV Digital

No Brasil, a TV Digital ainda está presente em uma minoria dos lares, pois mesmo aqueles que possuem aparelhos de HDTV não necessariamente recebem o sinal de TV Digital. Nos EUA, foi bastante lenta a migração dos consumidores para a TV Digital (LU, 2005); em junho de 2009, esgotou-se nos EUA o prazo para transição para TV Digital, mas uma grande parcela dos lares não havia adquirido receptores de TV Digital terrestre (grande parte dos telespectadores nesse país recebe TV via cabo ou satélite, o que explica em parte o reduzido interesse em adquirir um receptor digital).

Discute-se qual a motivação para a população migrar para a TV Digital; uma delas seria o interesse por uma maior resolução da imagem com a TV de alta definição (HDTV), o outro motivo seria a TV Digital interativa. Como, ao que parece, a primeira razão não foi suficiente para atrair a população a adotar a TV Digital, há um aumento das expectativa de que a interatividade será o *Killer Application*[17] da TV Digital. Em 2010, o governo brasileiro começou a tomar algumas medidas de modo que a interatividade passe a ser um recurso obrigatório.[18]

A TV Digital Interativa, TVDI, também é conhecida como ITV, abreviação de *Interactive Television*. Neste trabalho detalharei aspectos técnicos da TV Digital Interativa usando como referência principal o livro *Interactive Television Production*, de Mark Gawlinsky (2003). Duas outras importantes fontes de referência são o site *Broadband Bananas*[19]

17 *Killer Application* é um termo da indústria da computação que pode ser traduzido como "Aplicativo Matador", ou seja, um programa ou serviço que faça com que uma nova tecnologia tenha sucesso junto ao público consumidor.

18 "TV Digital: governo quer interatividade como recurso obrigatório". *IDG Now!* Circuito de Luca.

19 <http://www.broadbandbananas.com>

(Loucos por Banda Larga), que tem dado cada vez mais cobertura ao IPTV e ITVT Interactive TV Today,[20] site fundado por Tracy Swedlow, uma das principais interlocutoras da interatividade na TV Digital nos EUA. Swedlow publica semanalmente o ITV News, que apresenta os principais lançamentos e novidades do setor.

Na TV Digital, além de o sinal de vídeo e áudio poderem ser digitalizados em formatos e resoluções diferentes, o sinal pode incluir também um fluxo de dados sendo transmitido junto com o fluxo de audiovisual, dados esses que podem ser aplicativos ou arquivos de textos, imagens, sons e vídeos. O receptor de TV Digital pode ter aplicativos residentes que utilizam esses dados ou executar os aplicativos transmitidos junto com a programação ou sob demanda. A execução desses aplicativos permite a interatividade do telespectador[21] com a TV e a utilização de serviços integrados ao STB, como o guia de programação, gravação de programas, acesso à internet e a informações. Os aplicativos também podem ser incorporados na programação da TV, e ser sincronizados com a transmissão ou independentes dela, como é caso dos videogames.

A interatividade pode ser local, ou seja, limitada à capacidade do usuário de acessar e navegar informações que estão sendo "transmitidas" junto com o fluxo de dados do programa, como também pode ser plena e, nesse caso, é necessário que haja um canal de retorno que possibilite o envio e a troca bidirecional de informações do telespectador com a emissora ou operadora de TV. No caso em que a interatividade possibilite a interação na TV com outros usuários, a TV deixa de ser uma forma de comunicação *simplex* (unidirecional) e passa ser *duplex* (bidirecional), com consequências bastante interessantes para o futuro da TV.

1.2.3 Breve Histórico da TV Digital Interativa

"Winky Dinky and You", de 1950, é considerado um dos primeiros programas interativos da televisão (GAWLINSKY, 2003; LU, 2006); nesse programa infantil de uma rede de televisão norte-americana, era possível pedir pelo correio um kit composto de uma película plástica que era fixado na tela por eletrostática e um jogo de canetas coloridas com as quais se podia desenhar sobre a película. Telespectadores mirins podiam interagir com os personagens por exemplo desenhando

---

20 <http://www.itvt.com>

21 Na TV Digital, o "telespectador" passa a ser ativo ou um usuário de modo geral. Utilizo o termo *telespectador*, mas, no contexto da interação do telespectador com os aplicativos da TV Digital, refiro-me a ele como *usuário*.

uma ponte quando havia um rio, ajudando-os a atravessar. O programa foi cancelado em parte porque havia reclamações de que as crianças começaram a desenhar diretamente sobre a tela da TV.

Em 1992, a TV Globo lança o programa "Você Decide" (TEIXEIRA, 2008), em que o público podia votar, por uma central telefônica, no seu final favorito para a história apresentada. Já nos meados da década de 1990, Dan Sullivan, pesquisador e professor do Interactive Telecommunications Program (ITP), em Nova York, dirigia um programa em um canal de acesso público na Manhattan Cable TV, principal operadora de TV a cabo de Nova York. No período, realizava meu mestrado nessa escola e acompanhei de perto a produção do programa, o "YORB – Electronic Neighbourhood", no qual era possível habitar um bairro virtual e interagir com outros telespectadores ao se controlar uma espécie de Avatar utilizando o teclado de um telefone fixo comum.

Nos anos 1990, a Time Warner, nos EUA, monta o Full Service Network (FSN), um sistema de TV a cabo em Orlando, Flórida, que utilizava fibra ótica e STBs com chips da Silicon Graphics, e permitia assistir a filmes sob demanda e outras formas de interatividade. O projeto acabou custando caro demais (HUDGINS, 2005); em entrevista com Jim Luddngton, especulava-se que os STBs estavam custando em torno de US$ 3.000,00 cada, mas que seria possível que o custo chegasse a US$ 300, o que não aconteceu na época, e o projeto acabou sendo abandonado, como ocorreu com *o Qube*, outra experiência da Time Warner (LU, 2003).

Com o intuito de desenvolver a produção de programas para a TV Interativa, o AFI (American Film Institute) criou um workshop patrocinado por diversas empresas em que a cada ano um programa era desenvolvido para plataformas de TV interativa como OPEN, Microsoft TV e Liberate. Na Europa, no final da década e início dos anos 2000, emissoras como BBC, MTV Europe, CANAL +, BSkyB começaram a desenvolver programas interativos compatíveis com a plataforma MHP (Multimedia Home Platform). Hoje, há uma variedade de programas interativos sendo transmitida no sistema DVB (Digital Video Broadcast), europeu como veremos mais adiante.

1.2.4 Tipos de Interatividade na TV Digital

O livro *Interactive Television Production*, de Mark Gawlinsky (2003), é considerado uma das principais referências para produtores de ITV ou TV Digital Interativa. Gawlinsky foi diretor de produção da BBC Resources, a produtora interna da British Broadcasting Corporation (BBC) na Inglaterra, e seu livro apresenta de uma forma bastante prática a tecnologia das ferramentas e dos métodos de produção de programas para a TV Digital Interativa, focando principalmente no padrão europeu MHP, que já se estabeleceu como um mercado de TV Digital interativa. O livro é uma excelente fonte de referência para produtores, designers, roteiristas e outros que pretendem produzir conteúdo para a TV Digital.

Os tipos de interatividade estudados no livro de Gawlinsky são limitados aos que são exibidos em um monitor de TV e não de um computador; hoje, com o avanço dos monitores HDTV (em muitos casos de varredura progressiva), talvez essa limitação se torne um pouco rígida, e poderíamos incluir qualquer forma de se assistir à TV em que haja uma certa distância entre o telespectador e a tela (como em uma sala ou no quarto, na cama). O STB, conversor que permite assistir ao sinal da TV Digital em uma TV comum, é na verdade um computador dedicado rodando um sistema operacional limitado às funcionalidades especificadas pela TV Digital.

Gawlinsky, em seu livro, utiliza a taxonomia da Microsoft TV (2003) para classificar os tipos de TV Digital Interativa:

- Televisão Expandida[22] – *Enhanced Television* – O programa de TV é "enriquecido" com conteúdo interativo em uma camada de dados transmitida junto com o sinal de áudio e vídeo.
- Internet na Televisão – *Internet on Television* – Quando a internet pode ser acessada em um aparelho de televisão, como é o caso da "Web TV".
- Televisão Pessoal – *Personal Television* – A TV personalizada sob demanda. YouTube e TIVO são modos de assistir à televisão de forma personalizada.
- Televisão Conectada – *Connected Television* – A TV conectada em que os usuários podem transmitir conteúdo.

22 Gil Barros, em sua dissertação de mestrado, sugere o termo *Televisão Expandida* como tradução de Enhanced TV.

Quanto à interatividade, o Centro de Pesquisa Henley Centre (GAWLINSKY, 2003) define as categorias de interatividade na TV como sendo:

- *Interatividade na Distribuição* – o telespectador interage e controla a recepção do conteúdo; a funcionalidade neste caso é similar ao Personal Video Recorder (PVR), no qual se pode "gravar" um programa para ser visto posteriormente.
- *Interatividade da Informação* – Quando o telespectador pode acessar diversos tipos de informação, como jogar um *game* na TV, encomendar uma pizza ou verificar a previsão do tempo.
- *Interatividade Participativa* – Neste caso os telespectadores podem selecionar opções durante um programa ou comercial, como a capacidade de escolher o ângulo da câmera em um jogo de futebol.

Morris e Smith-Chaigneau (2005) classificam os tipos de interatividade na TV como:

- *Enhanced* (Expandida) – Como encontrada nos guias de programação de feeds de notícias, onde a interação ocorre somente entre o usuário e o aparelho receptor, utilizando dados enviados ao receptor de modo que não há necessidade de comunicação com a emissora.
- *Interativa* – Refere-se a aplicações específicas entre o usuário e a emissora ou provedor de conteúdo, utilizando um canal de retorno, como no caso de quizzes, chats, cotações. Esse tipo de interatividade pode utilizar um canal de retorno proprietário ou não, como no caso de uma conexão IP.
- *Internet TV* – A interação pode ocorrer entre o usuário e emissora ou um servidor na internet; neste caso se utiliza um IP padrão na internet e uma banda maior do que o canal de retorno alocado nas categorias anteriores, possibilitando também o envio de vídeos em ambas as direções.

1.2.5 Serviços Interativos na TV Digital

Os países europeus atualmente utilizam o sistema Digital Vídeo Broadcast (DVB) de TV Digital, sistema que oferece diversos serviços interativos na plataforma Multimedia Home Platform (MHP). Existem vários exemplos de aplicativos interativos desenvolvidos para a plataforma MHP, cujas características são muito próximas do que é possível com o middleware Ginga do SBTVD.

A TV Digital interativa possibilita uma variedade de serviços interativos como o acesso à internet, governo eletrônico (T-Gov), compras (T-Commerce) ou educativos (T-Learning). Assim como na internet, tem se denominado os serviços eletrônicos com a inicial "E", como em "E-Commerce", "E-Learning", na TV Digital tem se incorporado a letra "T" antes do nome do serviço em inglês para designá-lo. No site www.broadbandbananas.com temos exemplos de vários desses serviços disponíveis, principalmente na Europa em DVB-MHP e na Ásia através das operadoras de IPTV. Acredita-se que esses serviços de TV digital estarão disponíveis no Brasil, com a introdução do middleware Ginga; seguem alguns exemplos:

EPG – Guias Eletrônicos de Programação

Um dos principais serviços da TV interativa é o Electronic Programming Guide (EPG) ou Guia Eletrônico de Programação. O EPG é um aplicativo, presente em praticamente todos os sistemas de TV Digital, que permite navegar a grade de programação dos canais disponíveis e acessar uma sinopse em que se pode obter mais informações sobre um determinado filme.

Outras funções do EPG incluem salvar lembretes e realizar controle de conteúdo por idade. Nos modelos mais avançados, equipados com um PVR (Personal Video Recorder), pode-se agendar a gravação de programas. Esses aplicativos que costumam ser residentes nos STBs também servem como portal de entrada das operadoras para a programação e outros serviços oferecidos. Os EPGs podem ser organizados em um mosaico, como é o caso da Sky e TVA, em listas como na NET ou em forma de tabela refletindo a grade de programação.

A revista *TV Guide* estabeleceu-se como a principal fonte de informação dos horários e sinopses de programas de TV nos EUA nos anos 1970. Nos anos 1980, começou a oferecer um canal de programação, o Prevue Channel, para operadoras de TV a cabo e, mais recentemente, para TV Digital. A TV Guide, que foi adquirida pela ROVI (http://www.rovicorp.com),

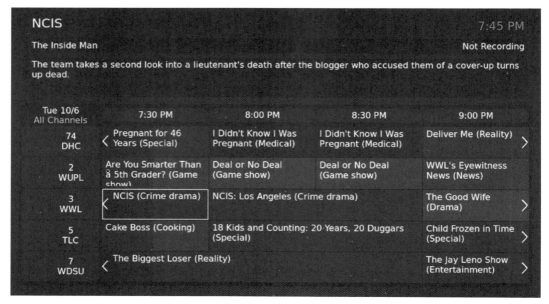

Figura 1.2 – Guia eletrônico de programação.
Fonte: Wikimedia Commons – Licença GNU 2.0

licencia seu banco de dados e EPGs para diversos fabricantes, operadoras de TV a cabo, e registrou diversas patentes de seus EPGs, o que tem sido disputado por diversas empresas como a Virgin e Toshiba.[23]

TV Expandida

A ideia por trás da TV Expandida (Enhanced TV) é a de enviar conteúdo complementar ao programa junto à camada de dados; este conteúdo pode ser síncrono ou assíncrono. No Reino Unido, onde esses serviços são bastante comuns, a BBC refere-se a eles como *Red Button*, e tem se convencionado que, ao aparecer na tela um símbolo representando um botão vermelho, é possível acessar o conteúdo interativo que acompanha o programa ao se pressionar o botão vermelho do controle remoto.

De modo geral, a Enhanced TV funciona como uma camada em cima do vídeo, não interrompendo a programação nem a obstruindo; permite obter informações adicionais ao programa ao interagir com ele; por exemplo, no caso de um

---

[23] Virgin wins Gemstar patent case on programme guide 27 November 2009. <http://informitv.com/news/2009/11/27/virginwinsgemstar/>.

jogo de futebol, em que é possível escolher o ângulo de visão. Seguem alguns exemplos e interfaces da TV Expandida.

T-Commerce

Uma das possibilidades de exploração comercial da TV interativa é a do comércio eletrônico, que tem sido apelidado de T-Commerce. O exemplo mais comum é o do anúncio de pizza: ao assistir ao anúncio de uma pizzaria, o telespectador pode acionar o controle remoto e acessar um servidor permitindo-o encomendar uma pizza; essa operação pode ser realizada utilizando um cartão de crédito ou, no caso da TV por assinatura, pode ser cobrado na fatura do assinante. Paralelamente ao T-Commerce, abre-se uma série de possibilidades para a publicidade, em que podem ser enviados metadados junto com os comerciais, permitindo ao telespectador obter mais informações sobre um produto, cadastrar-se em promoções e assim por diante.

T-Banking

O T-Banking é a versão para a TV do que conhecemos na internet como web banking, ou seja, a possibilidade de realizar transações bancárias eletronicamente na TV. Muitos bancos brasileiros já portaram esses serviços para celulares, e é só uma questão de tempo para que disponibilizem o serviço para a plataforma da TV Digital.

T- Learning

A interatividade e os computadores conectados em rede têm aberto muitas possibilidades no ensino a distância. Aliados à programação educativa na TV, os horizontes ampliam-se ainda mais, por isso o futuro do ensino a distância com o advento da TV Digital tem sido visto como bastante promissor pelos profissionais da área. Canais dedicados à educação como a TV Escola (WAISMAN, 2006) já investem em pesquisa e inovações na área, com a produção de guias de programação, material de apoio ao professor, acesso a material didático audiovisual sob demanda. Com um canal de retorno é possível desenvolver cursos a distância em que se pode acompanhar os alunos.

T-Advertising

A T-Advertising, publicidade interativa na TV Digital, combina a força visual e emocional da televisão como meio de comunicação de massa com a capacidade interativa e dirigida. Ao desenvolver campanhas mais direcionadas, possibilita aos anunciantes envolver os telespectadores e gerar feedback em tempo real, criando um novo "espaço" no meio televisivo e permitindo reforçar atributos dos produtos. As campanhas podem ser dirigidas ao público-alvo usando dados demográficos de bases de Customer Relationship Management (CRM) como Experian e Claritas. As métricas chegam ao nível do set-top box individual, sendo muito mais precisas que índices de audiência como o Nielsen Ratings.

Outros serviços interativos

Esses são apenas alguns exemplos. Existe uma gama enorme de serviços sendo desenvolvidos para a TV Digital; por exemplo, os portais de governo eletrônico, em que o cidadão acessa serviços como previdência social, saúde, administração municipal e assim por diante. Os set-top boxes podem ser utilizados como plataformas para games ou acesso à internet, incorporando browsers adaptados para a visualização a distância. Outros serviços de utilidade pública explorados na TV Digital são previsão do tempo, trânsito, partidas e chegadas em aeroportos.

Pay-per-view e DVR

Atualmente, a compra dos serviços de pay-per-view, ou seja, assistir a um filme ou programa de TV sob demanda, é geralmente realizada por meio de uma central telefônica. Com a TV Digital, é possível selecionar esses programas oferecidos e assistir a eles mediante o pagamento de uma taxa adicional diretamente da TV utilizando um menu, desde que exista um canal de retorno.

O Digital Video Recorder (DVR) ou Personal Video Recorder (PVR) permite a gravação de programas em um Hard Drive (HD), disco rígido residente no STB; com ele se pode gravar programas gratuitamente, assinar serviços que selecionam a programação e, em alguns casos, editar os comerciais, como ocorre com TIVO nos EUA. Pode-se adquirir filmes sob demanda, como no caso do pay-per-view, e armazená-los por um tempo determinado sem estar limitado à janela de exibição do programa.

1.3 Novos Rumos da TV Digital

Dada a importância da Copa do Mundo como marcador de inovações tecnológicas na TV, adotei o evento como estudo de caso identificando três tendências para a TV Digital que podem se concretizar até a Copa de 2014: Social TV, integração com dispositivos portáteis e TV conectada. Essas tendências serão analisadas individualmente a seguir. Pensadas conjuntamente como soluções tecnológicas condutoras dos conteúdos midiáticos que acabo de levantar, podem definir um modelo de convergência da experiência televisiva para o qual podemos projetar interfaces.

Em entrevista à rádio CBN, em 28 de setembro de 2010[24], Ethevaldo Siqueira faz a seguinte previsão para a transmissão da Copa do Mundo de 2014: "A cobertura de televisão da Copa de 2014 será muito mais sofisticada do que todas as anteriores. Pela primeira vez, teremos a associação de três avanços: TV digital, TV de alta definição e TV tridimensional". Indagado se esses avanços não serão privilégio de uma minoria dos telespectadores brasileiros, Siqueira afirma que não, ao fazer a seguinte previsão para 2014: "A TV digital deverá estar presente em quase 50% dos domicílios. A alta definição, em pelo menos 40% dos lares. E a TV 3D, em 15 a 20%, o que significará algo próximo de 12 milhões de residências". Ele acredita que, além da transmissão para os domicílios, existe a possibilidade de cinemas, bares e outros locais públicos realizarem projeções 3D, atraindo "centenas de torcedores, para assistirem juntos às partidas da Copa, com supertelões e todos os avanços tecnológicos".

Como vimos, há uma tendência de a Copa de 2014 ser recebida em diversas plataformas: celulares, computadores e laptops, TV Digital em resolução standard e HDTV e em 3D. No entanto, algumas dessas plataformas são mais adequadas para a recepção individual e o brasileiro tende a assistir aos jogos da Copa em grupos de amigos. Por isso Siqueira sugere que possa haver um interesse em investimento na projeção da transmissão dos jogos para um público maior, como no caso

24 "A TV na Copa de 2014", transcrição de entrevista de Ethevaldo Siqueira concedida a Heródoto Barbeiro, na Rádio CBN, em 28/9/2010. Disponível em: <http://www.ethevaldo.com.br/Generic.aspx?pid=3324>. Acesso em: 15/1/2011.

de um cinema 3D. Esse aspecto "social" da TV no Brasil deve adquirir outra dimensão ao ser associado ao crescimento de dispositivos conectados à internet, possibilitando novas formas de interatividade com o público.

1.3.1 TV Conectada

O Jornal *The New York Times* publicou uma série de reportagens no segundo semestre de 2010 intitulada "The Sofa Wars".[25] Uma das matérias (RICHTEL; STELTER, 2010) refere-se à discussão do *cord-cutting*, termo que significa cancelar a TV paga convencional (cabo e satélite) e trocar por programação online. No entanto, parece que a tendência não tem sido tão devastadora como previsto, e um dos motivos é a dificuldade de os usuários configurarem seus sistemas. Mas, aparentemente, a razão principal é a dificuldade de se conseguir online os programas de TV favoritos.

No momento, alguns desses programas, como True Blood, da HBO, estão disponíveis online, mas somente para assinantes do serviço de TV a cabo, o que demonstra a intenção das programadoras em dificultar o acesso à programação por meios não convencionais de distribuição. Segundo os jornalistas, analistas têm se espantado com o fato do quanto a internet conseguiu desafiar todas as grandes mídias como música, jornais e livros, mas ainda tem dificuldades em competir com a TV.

No entanto, as empresas de tecnologia têm introduzido alternativas como set-top boxes conectadas à internet IESTBs (Internet Enabled Set-Top Boxes) e IETVs (Internet Enabled TVs), aparelhos de TV que podem ser conectados diretamente na internet, facilitando assistir a filmes e programas de TV da internet na sala em uma TV de tela plana. A indústria eletrônica tem utilizado o termo *connected TV* ou *TV conectada* para definir esse novo nicho da indústria que tem causado reações adversas das redes de TV, tanto nos EUA como na Europa.

Um artigo no site ZDNet, da França, relata a inquietação das TVs europeias, como TF1, France Télévisions, Arte, Canal+, le groupe M6, Direct 8, TMC, NT1, LCP, BFM, iTélé, Gulli et DirectStar, que assinaram um acordo em que declaram: "as modalidades de exibição dos conteúdos e serviços em rede nos aparelhos de TV e outros dispositivos de vídeo conectados" são uma ameaça às redes de TV e demandam "que se respeite a integridade do sinal das redes de TV signatárias

---

25 In the Living Room, Hooked on Pay TV. MATT RICHTEL and BRIAN STELTER. Published: August 23, 2010 e Crowded Field for Bringing Web Video to TVs By JENNA WORTHAM.
Published: August 23, 2010 <http://www.nytimes.com/2010/08/23/technology/23startup.html>.
Acesso em 13/12/2010.

do acordo a fim de manter o controle editorial total e exclusivo sobre os conteúdos e serviços exibidos ou derivados da programação",[26] o objetivo é frear a influência do Google e seus consórcios, que já sofreram um bloqueio das grandes redes norte-americanas ABC, CBS e NBC (CHICHEPORTI-CHE, 2010).

Segundo um artigo de Adriana Whitely[27] (2010), do grupo de consultoria Farncombe, essas declarações das emissoras de TV europeias agravam-se com a notícia publicada pela agência de notícias Reuters de que a Microsoft está negociando com redes de TV pagas para oferecer seu conteúdo no console de games Xbox, passando a competir com a Google TV, NetFlix e Apple. Ao estabelecer o que chamam de "operadora de TV a cabo virtual", a Microsoft passa a competir diretamente com a Google TV com seu "topware", que são especificações de middleware que podem ser utilizadas em diversos dispositivos para a recepção de conteúdo "over the top content" (OTT), ou seja, de agregação de conteúdo feita de cima para baixo.

Mark Glaser, "anfitrião" do site Media Shift[28], da PBS, rede de TV pública norte-americana, publicou em janeiro de 2010 o guia *Your Guide to Cutting the Cord to Cable TV*, em que descreve diversas alternativas de cortar a TV a cabo ou satélite e receber TV online. A revista *Wired* de setembro de 2010 também publica um artigo sobre o mesmo tópico, em que apresenta diversos set-ups para receber TV Digital gratuitamente, incluindo HDTV terrestre.

As soluções compreendem:

- *Hardware* dedicado como a Apple TV, conversores de TV Digital, Boxee Box, sistemas híbridos como o Sezmi, que traz conteúdo tanto da TV Digital aberta como da internet, e "simbióticos", que fazem o streaming de filmes de services como Netflix (WORTHAM, 2010).
- *Softwares* como Boxee e Kylo facilitam a utilização de um computador conectado em uma TV com uma interface apropriada para visualização e comando a distância.
- *Serviços* como NetFLix, Hulu, YouTube, Amazon on Demand, iTunes e BitTorrents, de onde se pode adquirir ou baixar filmes e vídeos para assistir no computador ou em TVs conectadas.

26 Tradução do autor do original em francês: "Les modalités d'affichage des contenus et services en ligne sur les téléviseurs et autres matériels vidéo connectés"..."le respect de l'intégrité du signal de chacune des chaînes signataires afin que les éditeurs puissent continuer à exercer un contrôle total et exclusif sur les contenus et services affichés en surimpression ou autour de leurs programmes", em: TV connectées : les chaînes de TV veulent garder le contrôle par Olivier Chicheportiche, ZDNet France. Publié le 23 novembre 2010, <http://www.zdnet.fr/actualites/tv-connectees-les-chaines-de-tv-veulent-garder-le-controle-39756299.htm>.

27 "Microsoft working on over-the-top virtual platform: another 'topware'"? November 30, 2010 by Adriana Whiteley. Disponível em: <http://www.connectedtv.eu/microsoft-working-on-over-the-top-virtual-platform-another-topware-326/>. Acesso em 20/1/2011.

28 Your Guide to Cutting the Cord to Cable TV, Mark Glaser, January 8, 2010 <http://www.pbs.org/mediashift/2010/01/your-guide-to-cutting-the-cord-to-cable-tv008.html>.

Ainda não é tão fácil configurar um sistema alternativo para assistir à TV, mas hoje é possível assistir à TV aberta no computador e no celular, baixar programas da TV a cabo da internet e assistir a eles na TV. Diversos aparelhos e serviços que têm sido lançados com esse propósito, como Peer to Peer TV (PTPTV), Streaming de Vídeo na internet, IPTV, TV no celular e smartphones são apresentados a seguir. Essas soluções, no entanto, ainda são fortemente centradas nos EUA; a maior parte do conteúdo disponível no iTunes, NetFLix e Hulu não é acessível de IPs localizados em outros países, como o Brasil.

1.3.1.1 Hardware

Algumas soluções de hardware, como o Apple TV, combinam a distribuição vertical do conteúdo exclusivo, como é o caso do iTunes, e a possibilidade de acessar vídeos da internet de serviços como YouTube e Pandora. Outros aparelhos simplificam o processo de conectar um computador à TV, mas é possível configurar e conectar um PC a uma TV para assistir aos mesmos programas.

Apple TV

Em setembro de 2010, a Apple lançou a nova versão da Apple TV, um novo aparelho que permite assistir a filmes adquiridos por meio do serviço iTunes da Apple. O aparelho lançado nos EUA cabe na palma de uma mão, possui uma saída HDMI, a fonte interna, uma saída de áudio digital (ótico), ethernet e Wi-Fi.

Os usuários da Apple TV poderão alugar filmes recém-lançados em alta-definição por US$ 5, ao mesmo tempo que são lançados em DVD. Será possível alugar programas de TV da rede norte-americana ABC e FOX por US$ 1; segundo a revista *Wired*, os assinantes do serviço Netflix poderão realizar o streaming de vídeos da Netflix via Apple TV, e também poderão utilizar o aparelho para navegar e assistir a vídeos no YouTube e baixar conteúdo postado pelo serviço MobileMe da Apple (TWEENEY, 2010). Com esse lançamento, vemos que a Apple busca oferecer uma solução proprietária, mas sabe que os consumidores querem poder assistir a vídeos de diversas fontes na internet.

TV Digital – Estado da Arte

A maior competição enfrentada pela Apple são as empresas de TV a cabo e emissoras de TV que têm conseguido restringir o acesso aos seus programas de TV e não parecem ter grandes motivos para oferecer o seu conteúdo para essas iniciativas na internet (WIRED, 2010). No mesmo artigo, Tweeney (2010) cita o comentário de Andrew Eisner, diretor da empresa de comércio eletrônico Retrevo.com, especializada em eletrônicos, segundo o qual a Apple TV é uma solução que busca a conveniência; mas, se querem dominar o mercado, deveriam ter uma estratégia que atingisse múltiplas plataformas.

Essa fraqueza não é exclusiva da Apple; no mercado norte-americano, as soluções de diversos fabricantes são verticais, tornando o mercado ainda mais fragmentado: "No momento existe um vácuo de sistemas operacionais para TV e infelizmente para os consumidores, os fabricantes de TV estão preenchendo-o com ofertas proprietárias" (EISNER apud TWEENEY, 2010).[29] Eisner acredita que, assim como a Apple deve atingir outras plataformas, a televisão deve abrir-se para a internet.

Não somente a Apple tem lançado aparelhos que simplificam a recepção de vídeos da internet na TV. O Boxee Box é um produto da empresa D-link, e funciona tanto como ponto de acesso Wi-Fi como uma central de entretenimento, permitindo acessar, armazenar e apresentar vídeos, música, fotos utilizando o software boxee em um aparelho de TV. O Slingbox utiliza uma rede doméstica (Wi-Fi ou Ethernet) para fazer o streaming de mídia de um PC que tenha o software SlingPlayer instalado; dessa forma, o conteúdo armazenado ou disponível em diversos dispositivos em uma mesma casa pode ser visto em outros.

Por exemplo, um filme que foi baixado em um PC no quarto pode ser assistido na TV da sala. A mídia a ser compartilhada em uma residência pode incluir, além de vídeo, fotos e música.[30] E o Roku é uma solução de IPTV que não depende de uma operadora, a proposta é que o consumidor compre o hardware que permite gravar vídeos digitais e faça parcerias com sites de vídeo na internet.

1.3.1.2 Serviços e software

Diversos softwares e serviços oferecem formas de assistir a programas de TV no computador diretamente da internet,

29 Tradução do autor do original em Inglês: "A TV OS vacuum exists at the moment and unfortunately for consumers, TV manufacturers appear to be filling it with their own proprietary offerings", Eisner wrote recently." (TWEENEY, 2010).

30 <http://www.wired.com/gadgetlab/2005/10/review_sling_me/#ixzz 149 UEGwPS>.

outros provêm uma interface para a visualização do conteúdo em uma TV conectada a um PC, comandada por um controle remoto. Vejamos alguns exemplos:

YouTube

Em 2006, a Google investiu US 1,65 bilhões para adquirir o web site de vídeos YouTube, o que causou um furor na época, quando poucos compreendiam por que investir tanto dinheiro em um site em que os usuários postavam vídeos de seus bebês dançando. A estratégia da Google ia bem além do que se via na época; em 2006, a indústria de publicidade na televisão representava US$ 67 bilhões[31] e já demonstrava sinais de que estava quebrando, primeiramente pela perda de audiência para novas formas de entretenimento eletrônico, como videogames e a internet.

Depois disso, a indústria de publicidade sentiu-se ameaçada pela possibilidade de os telespectadores assistirem aos programas de TV sem interrupção comercial utilizando o TIVO. Em 2010, não só o YouTube se consolidou como o serviço de distribuição de vídeos na internet, mas as agências de publicidade passaram a usar o meio para veicular uma nova modalidade de comerciais que são os virais, vídeos que simulam vídeos gerados por usuários que são "espalhados" pela web. Se por um lado o YouTube cresceu através de vídeos caseiros postados pelos seus usuários, não demorou para produtoras passarem a produzir filmes especificamente para essa plataforma, como o caso da "Lonely Girl 15", em que Jéssica Rose interpreta uma adolescente entediada em casa expondo seu cotidiano ao mundo. Essa simulação da realidade chegou a ser vista por 500 mil "telespectadores".

Sites como a Atom Films e Pseudo Networks prometeram trazer a TV para a internet, mas foi o YouTube que tomou a dianteira ao encontrar no codec do Flash a solução para criar uma plataforma de vídeo na web. Desse modo, qualquer que fosse o formato de vídeo enviado para o site, ele era recomprimido de modo que pudesse ser visto na grande maioria dos browsers para a web, ajustando a qualidade para se assistir ao vídeo em tempo real, mesmo em conexões mais lentas. Hoje já é possível assistir a vídeos no YouTube em alta definição e a Google, que adquiriu o serviço, passa a incor-

31 Wired 14. 12 dezembro de 2006, Tou Tube vs Boob Tube, by Bob Garfield, p. 224.

porar o conteúdo em sua mais recente incursão na indústria da TV, a Google TV.

Google TV

A Google, em parceria com empresas como Sony, Intel, Logitech, Dish Networks, Adobe e Best Buy, anunciou em 2010 o lançamento da Google TV, um serviço que busca unir a capacidade de busca da Google, o acervo de vídeos do YouTube e de outros provedores de conteúdo com plataformas de hardware que podem ser integradas com aparelhos de TV.

A edição de 25/05/2010 do newsletter *Interactive TV Today*, publicado pela Tracy Swedlow da ITVT, veiculou uma entrevista com Ellen Dudar da Fourthwall Media, assim como um artigo de sua autoria intitulado "Google TV: Why It Will Fail",[32] em que apresenta uma análise bastante negativa da Google TV. Dudar acredita que vários dos motivos que a Google apresenta como responsáveis pelo fracasso da adoção de novas tecnologias, como a *Microsoft Web TV* ,que pretendem integrar a TV com a internet são, na verdade, os mesmos motivos pelos quais a Google TV está fadada a fracasssar. Um deles é o fato de que a Google TV é uma plataforma para assinantes de TV Digital que "vive fora do ecossistema do conteúdo e da publicidade na TV e é mais uma peça a ser conectada ao set-top box".

Portanto, estamos falando da necessidade da compra de equipamento adicional que deve necessariamente rodar Android, nesse caso não é tão diferente do iTunes da Apple, que Eric Schmidt, CEO da Google, apresenta como uma solução fechada e proprietária e que, no entanto, não é uma solução fracassada.

Amazon TV

A Amazon.com oferece um serviço de distribuição de vídeos sob demanda: a Amazon Video on Demand.[33] O serviço disponível nos EUA possibilita a compra online e download dos vídeos diretamente para o computador ou em aparelhos compatíveis fabricados por parceiros como Panasonic, Roku, Samsung, Sony Tivo e Vizio. A proposta de certa forma é similar ao serviço da NetFlix, uma das maiores locadoras de vídeo

32 <http://itvt.com/story/6820/google-launches-google-tv>.
"GoogleTV:Why It Will Fail", Ellen Dudar, 25/05/10 Forthwall Media.
33 <http://www.amazon.com/gp/video/ ontv/start>.

online, e demonstra claramente que a Amazon está se posicionando para competir nesse segmento do mercado audiovisual.

Hulu

Hulu é um serviço onlline que oferece programas de TV, filmes e vídeos no endereço www.hulu.com e em outros sites. Por enquanto o serviço só está disponível nos EUA devido a limitações de licenciamento de direitos dos vídeos; mas, segundo o site, há planos de expandir o serviço para outros países. A empresa, com escritórios em Los Angeles, Nova York, Chicago e Beijing, foi fundada em março de 2007 e é administrada por uma equipe independente dos investidores: NBC Universal, News Corp., The Walt Disney Company, Providence Equity Partners.

Widgets para TV Conectada

Fabricantes da indústria eletrônica como a Samsung, Sony e LG estão oferecendo widgets nos novos aparelhos de TV conectados, e realizando parcerias com empresas de internet, canais de TV, provedores de conteúdo para desenvolverem widgets para seus aparelhos. No site Digitaltrends.com, um artigo apresenta o exemplo do widget do Weather Channel, que permite acessar a previsão do tempo, e da CNBC, que possibilita interagir com as cotações e os gráficos da bolsa de valores. É uma forma de interatividade com programas de TV que não depende de um sistema de TV Digital, facilitando, assim, o acesso à informação diretamente da internet, exibindo-a na TV com a ajuda do chipset e do software do próprio aparelho de TV.[34]

A Yahoo tem tido bastante sucesso com sua estratégia de realizar parcerias com fabricantes de aparelhos de TV Digital e desenvolvedores de software no sentido de criar widgets para TVs conectadas.[35] O serviço "Yahoo Connected TV Widgets" foi lançado em 2009, sendo disponibilizado em aparelhos de HDTV com conexão à internet de fabricantes como Sony, Vizio, Samsung e LG, de modo que os widgets estarão presentes nos aparelhos dos principais fabricantes de LCD do mundo.

Embora a Yahoo tenha um catálogo de conteúdo bem menor que a Google TV e a Apple e também concorra com a Microsoft XBox e Boxee Box, seus aplicativos têm sido bem

---

34 "Do integrated television widgets create a new revenue channel for manufacturers", *Digital Trends*, Da redação, 02/03/2010. Disponível em: <http://www.digitaltrends.com/home-theater/are-tv-widgets-a--new-revenue-channel >.

35 <http://comunicadores.info/2009/01/09/connected-tv-yahoo-cria--widgets-para-tv/>.
<http://www.pcworld.com/article/186232/yahoo_connected_tv_moves_beyond_the_tv.html>.
Yahoo Connected TV Moves Beyond the TV, By Mark Sullivan, PCWorld Jan 7, 2010 12:22 PM.

aceitos pelos consumidores desde o início devido ao fato de funcionarem, estarem integrados em aparelhos de diversos fabricantes e possibilitarem utilizar na TV serviços estabelecidos como Flicker, eBay, Twitter e Facebook. Uma outra vantagem é que os widgets da Yahoo são bastante leves e funcionam em aparelhos menos sofisticados do que os necessários para rodar o Google (CATACCHIO, 2010).

Portais de TV – Streaming Vídeo

Dentre uma variedade de sites que oferecem streaming de vídeo na internet, um que aparentemente é bastante popular nos EUA é o Channel Chooser, que se posiciona como um portal de TV gratuita na internet. Nele é possível assistir a uma variedade de canais de TV ao vivo na internet. Como os codecs de vídeo podem variar de canal para canal, nem sempre é possível assistir aos vídeos; por exemplo, ao tentar assistir a um dos programas que utilizava o Microsoft Silverlight, fui direcionado ao site da Microsoft que sinalizava estar indisponível instalar o plugin. O site da Microsoft caiu e, consequentemente, acabei desistindo de assistir ao vídeo. Problemas como esse retardaram a utilização de vídeo na internet; ao *padronizar* a compressão de vídeo em seu servidor, o YouTube encontrou uma forma de garantir a reprodução de vídeo para uma gama de computadores, o que, sem dúvida, contribuiu para seu sucesso.

Sites como o Gagzgang e o World Wide Internet TV têm uma seleção bem mais globalizada que o Channel Chooser. Esses dois portais, direcionados ao público da Índia e do Paquistão, têm uma interface bem precária e, além de redirecionar links de streaming vídeo disponilizados por emissoras de televisão, oferecem alguns canais *caseiros:* a retransmissão caseira de canais de TV aberta e a cabo realizada por *entusiastas* que captam o sinal utilizando uma câmera e fazem seu próprio streaming.

Sites de Emissoras (Internet TV)

As emissoras de TV têm disponibilizado partes de sua programação em seus websites há alguns anos. Em muitos casos o conteúdo é limitado, servindo como forma de promover as séries de TV e possibilitar rever capítulos anteriores de novelas, como no site da globo.com, mas cada vez mais episódios e séries completas estão sendo oferecidas via web pelas emissoras.

Com a melhoria da qualidade de vídeo na internet, o crescimento do YouTube e novos serviços que facilitam assistir a programas de TV na internet, as emissoras passaram a ser cada vez mais restritivas em relação ao conteúdo disponível na internet, restringindo o acesso em outros países ou limitando-o a assinantes de TV paga, como no caso da HBO-GO. A entrada da Google no mercado de TV tem sido considerada uma ameaça pelos executivos de TV, que têm manifestado a preocupação de que a distribuição da TV via internet ameace o modelo de negócios baseado em publicidade.

A possibilidade de assistir aos programas da TV em um PC reduzirá a receita da TV com publicidade, fazendo com que as grandes redes de TV norte-americanas, como ABC, CBS, FOX e NBC, bloqueiem os usuários do Google TV de assistirem a programas disponíveis nos sites da emissora que por enquanto ainda poderão ser vistos em um PC (RABIL; KING, 2010). Em contrapartida, a Time Warner, que é proprietária do canal por assinatura HBO, e as redes de TV a cabo TNT e TBS têm permitido o acesso a sua programação via Google TV.

Um dos principais aspectos dessa transformação é o que chamamos de User Generated Content. Nesse caso, o espectador passa a gerar conteúdo ou, no mínimo, ser um programador; e possivelmente uma das maiores transformações que veremos na TV Digital seja nesse sentido, como ocorreu na mídia impressa, que sofreu transformações radicais com o advento da editoração eletrônica, culminando com uma revolução na forma de distribuição de texto com a internet. A indústria musical segue as transformações, inicialmente com o Napster; com a facilidade de baixar músicas, não muito mais tarde, a transformação se radicaliza com as possibilidades introduzidas pelo MySpace.

1.3.2 TV Social – redes sociais e TV Digital

A revista *Technology Review*, do MIT, de maio de 2010, destaca a "Social TV" como uma das 10 principais tecnologias de ponta da atualidade. Social TV é a TV integrada com sites de relacionamento como Facebook e Orkut, Chat e User Generated Content (conteúdo gerado pelo usuário) e não deve ser confundida com TV social ou TV com objetivo de viabilizar e difundir ações sociais (ALBERONE, 2010).

Marie-José Montpetit, pesquisadora do Research Lab for Electronics do MIT, oferece uma disciplina no MAS, Programa de Mestrado em Artes e Ciências do MIT, em que discute "como a tecnologia digital está transformando a forma como a TV se encaixa na sociedade"; o foco está nos aspectos do comportamento social dos telespectadores. Segundo a ementa do curso[36], "os avanços tecnológicos têm criado uma cisão entre a TV e a sua função como centro social". A TV foi planejada inicialmente para ser assistida por milhões de pessoas simultaneamente, mas hoje com a internet é possível criar conteúdo para um público cada vez mais segmentado. Entretanto, segundo Petit, as pessoas ainda veem TV socialmente e há novas formas de realizar os aspectos sociais da TV na internet em sites como o Facebook, que associa pessoas que têm interesses comuns, em vez de ter que criar uma programação que agrade a vários interesses.

Segundo Maurilio Alberone, em seu artigo "Será que estamos preparados para a TV social mudar a forma como assistimos à televisão?, o business dos aplicativos para TV será dominado pelas emissoras de TV, no entanto faz a seguinte ressalva: "Porém, dentro do modelo de negócios atual da TV digital interativa brasileira, as aplicações serão distribuídas em sua maioria pelas emissoras de TV. No máximo, os fabricantes disponibilizarão alguns aplicativos embarcados em seus set-top boxes." (ALBERONE, 2010).

Em contrapartida, a proliferação dos widgets em TVs conectadas à internet pode abrir um canal de compartilhamento independente do controle das emissoras e que aparece sobreposto à mesma tela. O brasileiro de modo geral é bastante sociável, buscando interações em grupo, sejam reais ou virtuais. A interatividade local com a TV aparentemente não desperta tanto o interesse como as redes sociais.

A possibilidade de cada pessoa ter sua própria TV na mesma casa, em parte, reduz as brigas pelo controle remoto ou discussões sobre o que assistir, assim como o fato de cada indivíduo poder ter seu celular para se comunicar com os amigos fora de casa. No Brasil, ainda há uma dominância de programas com grande audiência, que centralizam a família, como as novelas, os programas de domingo e os jogos de futebol. Recentemente, os mais jovens têm se isolado desse ambiente,

36 <http://courses.media.mit.edu/ 2010 spring/mas960/>.

preferindo o chat no MSN ou Orkut. A integração destes com a socialização da TV na sala é um desafio a ser considerado.

No caso do futebol, especificamente em relação à Copa do Mundo, há uma unanimidade concernente à escolha do programa. Nesse caso há, inclusive, um esforço de organização para se assistir ao jogo em grupo, transformando-se em um "subevento". Nesse evento, além de torcer junto e o grupo comentar sobre os lances do jogo, existem também decisões técnicas em relação ao "equipamento" que passam a ser tomadas em grupo, como: em qual canal assistir ao jogo, talvez porque uns prefiram um narrador a outro; discute-se o nível do volume e o ajuste das cores, pois uns gostam do gramado bem verde, enquanto outros gostam de ver as cores menos vibrantes.

Algumas tecnologias da TV Digital que oferecem opções da forma de visualização de um programa, como a escolha do ângulo da câmera ou a seleção de trilhas sonoras diferentes, ensejam decisões a serem tomadas em grupo. As interfaces para essas funções, se acessadas por um controle remoto individual, não contribuem para essa experiência em grupo, por isso, ao se desenvolverem aplicativos integrando diversas plataformas, é importante levantar quais aspectos têm uso individual e quais serão realizados em grupo. Por exemplo, a escolha do ângulo de câmera deve ter algum feedback para o grupo e não ser pré-visualizado apenas pelo indivíduo que está com o controle remoto.

Segundo Gianluigi Cuccureddu, em artigo no site www.appmarket.tv, o crescimento das Redes Sociais Baseadas em Eventos (ESBNs) traz elementos oriundos de redes de localização como Four Square e Gowalla e tem o potencial de difundir a TV social para os telespectadores de massa. Conforme o autor, eventos de grande audiência como o Grammy Awards, a entrega do Oscar, o Globo de Ouro e a final da Copa do Mundo ainda agregam um número enorme de telespectadores (CUCCUREDDU, 2010). Mas enquanto as redes baseadas em localização são um importante agregador para usuários de celulares e têm implicações em termos de conteúdo, despertando o interesse da publicidade pela possibilidade de direcionar anúncios a um público-alvo bastante específico, "a televisão é a força que impulsiona as redes baseadas em eventos" (CUCCUREDDU, 2010).

Além disso, ao associar-se à força dos eventos televisivos, com as redes sociais já estabelecidas realizando essa experiência, na TV social em duas telas apresenta possibilidade muito maior de sucesso social do que está ocorrendo com o crescimento da Web TV (CUCCUREDDU, 2010). O autor cita a pesquisa de Montpetit que conclui que a utilização de múltiplas telas diminui a irritação dos usuários ao utilizar a tela da TV para texto, obscurecendo a imagem do programa na tela.

1.3.3 TV Multiplataforma: integração com dispositivos móveis

Como havíamos visto, o padrão SBDTV prevê a recepção da TV em dispositivos móveis como celulares, integrados em GPS, entre outros. No mercado brasileiro, por ocasião da Copa do Mundo de 2010, fabricantes de celulares como a Samsung, LG e Nokia lançaram aparelhos com receptor integrado.[37] Além de permitir a recepção gratuita do sinal da TV Digital, a implementação do middleware Ginga-NCL nesses aparelhos permite ao usuário acessar aplicações interativas terrestres nos aparelhos celulares (CRUZ; MORENO; SOARES, 2008).

Uma outra pesquisa desenvolvida no Brasil demonstra que, independentemente do conteúdo televisivo, é possível utilizar o middleware Ginga-NCL e o Ginga-J para controlar dispositivos domésticos (OLIVEIRA; BARBOSA; SILVA; TAVARES, 2009). O laboratório Telemídia da PUC-Rio está desenvolvendo um aplicativo para iPhone/iPod touch que complementará Ginga em interatividade com televisão digital. Segundo a revista *Mac Magazine*,[38] que entrevistou o pesquisador Bruno Seabra Nogueira Mendonça Lima, a integração das duas plataformas permite que a interatividade ocorra em diversas telas e não seja necessariamente compartilhada com outros que estejam assistindo juntos à TV na mesma sala.

Além de receber o sinal da TV Digital em um celular, dispositivos portáteis como smartphones, iPhones, iPads e tablets como o Samsung Galaxy ao estarem conectados a redes de telefonia celular de alta velocidade como a 3G ou a internet via uma conexão Wi-Fi podem ser utilizados para assistir a vídeos e filmes disponíveis na internet em serviços como YouTube, Vimeo e Netflix. Se esses dispositivos forem equipados com uma câmera, é possível utilizá-los como uma "unidade remota" de TV através de aplicativos desenvolvidos por serviços como Justin TV e UStream, permitindo a trans-

37 "Veja os celulares com TV Digital já disponíveis no Brasil". <http://tecnologia.terra.com.br/interna/ 0,,OI4386104-EI4796,00--Veja+os+celulares+com+TV+digital+ja+disponiveis+no+Brasil.html>. Acesso em: 18/4/2010.

38 "Telemídia desenvolve aplicativo para iPhone/iPod touch que complementará Ginga em interatividade com televisão digital", por Rafael Fischmann. Disponível em: <http://macmagazine.com.br/2009/ 04/10/telemidia-desenvolve-aplicativo-para-iphoneipod-touch-que-complementara-ginga-em-interatividade-com-televisao-digital/>, 10/4/2009. Acesso em: 17/12/2010.

missão de vídeos diretamente de um celular para outros usuários dos serviços, que podem ser visualizados em aparelhos celulares, em um PC ou em uma TV conectada à internet.

A Yahoo desenvolveu, em parceria com a TV Guide, um EPG para iPhones e iPads; o guia, que funciona a partir de um aplicativo que pode ser instalado nesses aparelhos, permite consultar a programação dos canais de TV nos EUA. No Brasil a empresa de software Fingertips, de São Paulo, oferece gratuitamente no AppStore da Apple um guia de programação que utiliza a mesma base de dados dos guias de programação da TV a cabo. O aplicativo, ao ser instalado no celular, acessa uma página na web que é atualizada com a programação dos canais de TV.

1.3.4 Convergência das Mídias e Dispositivos Audiovisuais

Como vimos, existem diversas formas de assistir à TV Digital, dividindo-se em dispositivos que, mediante a combinação de hardware e software, irão definir essa experiência; com a convergência dos meios de comunicação, essas tecnologias são os elementos construtivos da experiência de uma nova TV. Independentemente do hardware, que pode ser configurado de diversas formas, com a digitalização crescente dessas plataformas o software passa a ser a maneira de conduzir essa experiência, mudando drasticamente os hábitos do telespectador.

Ao definir-se o conteúdo da TV, é importante compreender a mídia, que em transformação acaba tendo sua configuração eventualmente definida pelo próprio conteúdo. Tal complexidade se torna incompreensível para muitos telespectadores acostumados a apenas ligar a TV. Nesse cenário, temos os seguintes dispositivos do sistema:

- *Receptores e conexão* – Recebem o sinal de TV Digital terrestre ou via uma rede.
- *Terminais de Acesso* – Processam e convertem o sinal e as informações digitais.
- *Dispositivos de comando* – Permitem interagir e dar instruções ao terminal de acesso.
- *Monitores* – Através deles vemos as imagens e ouvimos os sons; podem ter diversas resoluções de tela, desde a diminuta de um celular até uma projeção.

Com a TV Analógica nos acostumamos com a ideia de adquirir e utilizar uma solução integrada com o monitor; o aparelho receptor inclui, dentro de uma "caixa", um monitor, um receptor e os circuitos eletrônicos que transformam os sinais, possibilitando a experiência de assistir à TV. Com o advento da TV a cabo, a introdução dos videogames e mesmo com os primeiros computadores, passamos a estender a funcionalidade dos aparelhos de TV através dos STBs e outros aparelhos que poderiam ser conectados ao computador. DVDs e home theaters passam a amplificar essa experiência, tornando a instalação e utilização desses sistemas cada vez mais complexas.

Com a digitalização, muitos desses dispositivos são na verdade pequenos computadores dedicados a uma função específica. A TV Digital, sendo implantada, procura manter esse paradigma, em parte por pressão dos provedores de conteúdo (leia-se emissoras de TV), que têm medo de perder seu público que cativou dentro de sistemas fechados e proprietários desenvolvidos em aliança com a indústria eletrônica. Em contrapartida, a indústria de computação, que teve esse paradigma quebrado (Microsoft – IBM) já no início de sua implantação, embora não opere de forma menos monopolista que a indústria do entretenimento, desenvolve equipamentos que têm sua funcionalidade definida pelo usuário e que, por limitações tecnológicas, até recentemente não tiveram um papel na indústria do audiovisual.

No entanto, nos últimos anos, os avanços têm sido tantos que se torna quase impossível distinguir (exceto por questões políticas e legislativas) uma indústria da outra. Mesmo a TV Digital, baseada no processamento de informação binária e envolta em um pacote que era apresentado ao público nos mesmos moldes do paradigma anterior, tem tido dificuldades de implantação talvez pelo fato de seu modelo ser obsoleto, embora a tecnologia que incorpore não seja.

Um receptor de TV Digital é essencialmente um microcomputador dedicado, cujo sistema utiliza algoritmos de compressão não muito diferentes daqueles usados pelos serviços de vídeo na internet; mesmo a modulação e transmissão da TV não estão tão distantes dos métodos multimídia. Por isso não é de surpreender que serviços como Hulu, NetFlix e Google TV não venham eventualmente a substituir a TV como conhecemos. Além disso, como se pode ver nesses mesmos serviços, os provedores de conteúdo e a forma de produzir conteúdo ainda exigem uma indústria e profissionais específicos, mas a forma de distribuição pode transformar-se radicalmente.

Portanto, os receptores de TV Digital, embora teoricamente capacitados para atender demandas semelhantes às que ocorrem na mídia impressa e sonora, podem perder espaço para as soluções apresentadas pela indústria da computação, que nesse sentido é muito mais dinâmica, embora muito menos sedutora.

Design de Interfaces e Convergência Digital

2

2.1. Ciberespaço e Design Virtual

2.1.1 Introdução – ciberespaço e espaços virtuais

Em seu livro *City of Bits*, William Mitchell (1995), professor de arquitetura e diretor da Escola de Arquitetura e Urbanismo do Massachussets Institute of Technology (MIT), reimagina a arquitetura e o urbanismo no contexto de suas observações. Ele começa o livro relatando suas observações sobre trabalhadores saindo das bocas de lobo das cidades americanas na década de 1990, "eles não estavam consertando os esgotos ou linhas de gás, estavam *puxando vidro*" (MITCHELL, 1995: 3); em outras palavras, eles estavam instalando fibra ótica.

Na verdade, o que estava sendo construído era a rede de telecomunicação em banda larga; Mitchell nota: "assim como o Barão Haussmann impôs uma rede de boulevards cortando as vielas de Paris, estes trabalhadores estavam instalando a *Infobahn*" (MITCHELL, 1995: 3), reconfigurando as relações de espaço tempo, de uma forma invisível aos nossos olhos, mas, na realidade, instalando a infraestrutura do ciberespaço.

O termo "ciberespaço" foi cunhado pelo escritor de ficção científica William Gibson (1983), que prevê um mundo pós-industrial de pura informação, onde as construções são substituídas por um não espaço. Um autor fundamental para a compreensão do ciberespaço é Michael Benedikt, professor de arquitetura na Universidade do Texas, em Austin.

Em seu livro *Cyberspace: First Steps*, Benedikt (1991) e David Thomas (um dos colaboradores desse livro) trabalham com base na obra de Michel Serres, autor de *Language and Space: From Oedipus to Zola*: O espaço euclidiano define uma cultura e sua aparência através de junções e encruzilhadas – culturas e indivíduos são constituídos de junções de espaços sociais mais ou menos fluidos sempre compreendidos dentro de uma estrutura social e cultural (SERRES apud BENE-DIKT, 1991).

O modelo euclidiano sobrevive em razão da problemática de visualização da informação, ao passo que o projeto da arquitetura no final do século XX está permeado de significação, criando espaços carregados de informação (BENEDIKT, 1991), definindo o posicionamento do arquiteto que passa a ser cada vez mais conceitual, culminando nas tendências desconstrutivistas do final do milênio. Marcos Novak, em *Liquid Architectures for Cyberspace,* define as interfaces gráficas tradicionais como externas; já no ciberespaço, podemos navegar o espaço virtual "internamente" sem a limitação de símbolos e convenções gráficas (NOVAK, 1991).

2.1.2 Arquitetura e Design no Ciberespaço

Na virada do milênio, o mundo contemporâneo deparou com transformações radicais do capitalismo e de seus ideais democráticos – um mundo que na superfície parece muito similar ao mundo moderno que se estabeleceu durante o século XX, onde o capitalismo ainda divide espaço com ditaduras, culturas tribais, subdesenvolvimento, diferenças religiosas e violência. Mas, por trás de tudo isso, uma grande revolução está em curso: a ubiquidade da cultura digital, a informatização de diversos aspectos do dia a dia e as redes de computadores são catalisadores dessa transformação, evidenciada na cultura globalizada e na sociedade conectada na qual vivemos.

Computadores conectados a redes de informação têm permeado cada vez mais nossas vidas. É difícil pensar em algum aspecto do nosso cotidiano que não dependa dessas novas tecnologias digitais, sejam livrarias, escolas, bancos, exames médicos, companhias aéreas ou órgãos do governo. A tecnologia da informação modificou radicalmente a forma como nos comunicamos, trabalhamos, nos divertimos e nos locomovemos. Não faz muito tempo, as vanguardas artísticas e arquitetônicas discutiam como a revolução industrial, as máquinas, as revoluções sociais e culturais definiram a cultura moderna. Hoje nossa cultura e sociedade estão sendo definidas pelas tecnologias da informação.

Os valores do modernismo, levados ao extremo com o pós--modernismo, eventualmente foram exauridos ao encontrar um ponto de resistência ou de esgotamento de possibilidades que poderíamos definir como "hipermodernismo" ou o final do pós-modernismo, como sugere Kazys Varnelis (2008), professor da Escola de Arquitetura de Columbia University, que define esse novo ciclo como Network Culture (Cultura de Rede). Jameson (1991) insere o pós-modernismo na sociedade pós-industrial definida por David Bell, enquanto Varnelis (2008) situa a Cultura de Rede no contexto de uma nova ordem global.

Antonio Negri e Michael Hardt, em *Empire* (2000), defendem que na virada do milênio novas estruturas de poder transnacionais regem uma economia globalizada, sucedendo a sociedade pós-industrial. Embora ainda não compreendamos plenamente as consequências dessas mudanças, é impossível negar que elas estão ocorrendo.

No universo da arquitetura e do design, pode parecer que pouco mudou na superfície, mas as mudanças são maiores do que parecem, não simplesmente porque hoje se pode projetar e visualizar um edifício ou um objeto utilizando programas de modelagem 3D, ou porque, devido às novas tecnologias, houve avanços nos processos de produção e construção, mas sim e muito mais em razão dos espaços virtuais, da comunicação em redes ou das transações digitais que passaram a fazer parte intrínseca de nossas vidas. Ir ao banco hoje significa sacar dinheiro nos caixas eletrônicos, ou simplesmente fazer uma transferência utilizando o web-banking.

Os arquitetos do século XX, ao projetar agências de bancos, buscavam valorizar a imagem de solidez da instituição, seja na semelhança com templos, como se vê na arquitetura neoclássica de Nova York do início do século XX, ou na solidez do concreto-armado das agências bancárias do Brasil nos anos de 1970. Hoje, os negócios bancários ocorrem principalmente pela internet, com base na premissa de que o site é seguro. O espaço construído das agências bancárias tem pouca importância no nosso relacionamento bancário.

Para realizar transações financeiras, interagimos com uma imagem representada na tela de um computador, acreditando que a instituição e a rede por trás do site acessado são sólidas e funcionais. Assim como um arquiteto precisava definir as áreas de uma agência a serem ocupadas pelos caixas, gerência, caixa-forte e os acessos entre elas, um site também precisa ser "navegado", o usuário tem de saber chegar a um local determinado, alguns abertos ao público, outros restritos e mais seguros; é necessário saber orientar-se nesse espaço, voltar ao mesmo lugar, identificar-se e assim por diante.

2.1.3 Sistemas Virtuais e Hipertexto

William Gibson, autor do bestseller de ficção científica dos anos de 1980 *Neuromancer*, já vislumbrava o universo que estamos vivendo hoje. Gibson introduz o termo "ciberespaço" em *Neuromancer* (1983), onde Case, o personagem principal, é uma espécie de cowboy futurista que vive entre o real e o virtual rompendo as barreiras entre os dois. Esse personagem serviu como inspiração para o filme *Matrix* dos irmãos Wachovsky.

Pierre Lévy (1997), em seu texto *The Art and Architecture of Cyberspace*, descreve como a arte está transformando-se em um ambiente fluido, dinâmico e em constante mutação, um plano semiótico "des-territorializado" em que o "artista" e o "receptor" se unem em um jogo consensual na formação, execução e interpretação da arte. As noções de autoria, segundo Lévy, estão sendo reconsideradas na sociedade contemporânea, o que está levando-nos a transformações culturais, em uma sociedade conectada por redes eletrônicas em que os cidadãos participam coletivamente da criação de novos códigos e linguagem.

Outro conceito de extrema importância nesta sociedade digitalizada e conectada é a do "rizoma" do filósofo Gilles Deleuze (1976). "Rizoma" é um sistema de ramificações tubulares (raízes) em que um ponto pode sempre estar conectado a outro ou a outros pontos. Deleuze utiliza o conceito de "rizoma" como modelo de conectividade em sistemas de ideias, já os cientistas da computação utilizam modelos semelhantes ao conceber redes.

Nos anos de 1960, Ted Nelson, um dos pensadores pioneiros do universo cibernético, concebeu sistemas de computadores em que textos eram entre si conectados[39] (links), os quais denominou "hipertextos" (NELSON, 1981). Segundo Nelson, hipertextos transcendem os limites da textualidade impressa em uma folha de papel. Douglas Engelbart apresenta uma aplicação prática do hipertexto na demonstração que realizou do NLS em 1968, um sistema de computadores conectados em rede que permitia que pessoas em localizações remotas trabalhassem colaborativamente (MOGGRIDGE, 2007).

[39] Nelson desenvolve um sistema hipertextual em seu projeto Xanadu publicado no livro *Litrary Machines* (1981).

Tanto as ideias de Ted Nelson como as de Douglas Engelbart surgiram a partir de um importante artigo de Vannevar Bush, publicado em 1945 na revista *Atlantic Monthly*. Nesse artigo, intitulado "As We May Think", Bush propõe o desenvolvimento de um sistema de arquivamento e recuperação de dados, o Memex, que possibilitaria uma forma de memória coletiva acessível por todos (BUSH, 1945).

Segundo George Landow, o hipertexto permite a utilização do computador para transcender as qualidades lineares e fixas do texto tradicional escrito (LANDOW in LANDOW; DELANY, 1991). Um hipertexto pode ser lido e composto de forma não sequencial, tem uma estrutura variável formada por "blocos de texto que Barthes define como a lexia[40] – e de links eletrônicos que os unem" (LANDOW in LANDOW; DELANY, 1991).

William Burroughs, em *The Cut-Up Method of Bryan Gysin*, propõe escrever um texto e depois recortá-lo para reorganizar continuamente sua composição, gerando uma obra não estática que pode ser consumida de diversas formas (BURROUGHS, 1978). Jean Baudrillard elabora suas ideias com base na obsessão da nossa sociedade por simulacros, que, segundo ele, seriam imagens que sustentam valores e metáforas permitindo a explosão da sociedade de consumo (BAUDRILLARD, 1973). Com um ponto de vista mais pragmático, Donald Norman (1988), em *The Psychology of Everyday Things*, afirma: "O design de uma interface inteligente deve começar com a análise do que uma pessoa está tentando fazer, em vez de uma metáfora ou noção do que deve ser exibido na tela" (NORMAN, 1988).

2.2 Design de Interfaces e Design da Interação

O livro *Designing Interactions*, de Bill Moggridge (2007), apresenta um extenso panorama do Design de Interação em artigos e entrevistas com os principais expoentes do campo. A obra conta com um prefácio de Gillian Grampton Smith, professora que montou o primeiro curso de Design da Interação no Royal College of Arts na Inglaterra, com o objetivo de ensinar artistas e designers a aplicarem seus conhecimentos no projeto de produtos e sistemas interativos. Smith busca responder a questão: "O que é Design de Interação?", sem limitar-se a buscar resolver unicamente as questões de usabilidade,

40 Esses "blocos" de texto são equivalentes às "Lexias", elementos que compõem a textualidade ideal descrita por Roland Barthes em *S/Z* (1970).

preocupando-se com aspectos mais subjetivos ao levantar questões acerca da linguagem da interatividade (SMITH in MOGGRIDGE, 2007).

> Eu acredito que o design de interação está em uma fase equivalente aos primeiros anos do cinema. Até o momento ainda não temos uma linguagem totalmente desenvolvida que seja única à tecnologia interativa. Portanto, nos baseamos na linguagem de modos criativos prévios. Ajuda categorizar estas linguagens de acordo com suas "dimensões": 1D, 2D, 3D e 4D. (SMITH in MOGGRIDGE, 2007, p. xvii).[41]

Smith (in MOGGRIDGE, 2007) categoriza as dimensões da linguagem como:

- A linguagem 1-D inclui as palavras e a poesia.
- As linguagens 2-D, que podem ser adotadas pelo design da interação, incluem a pintura, tipografia, diagramas e ícones.
- As linguagens 3-D são as de formas físicas, esculturais.
- A 4ª dimensão é o tempo; as linguagens 4D incluem som, cinema e animação.

O Design de Interação, assim como a arquitetura, busca soluções para a engenharia levando em conta o que querem os seres humanos dentro das limitações da tecnologia e do espaço. O designer que projeta espaços virtuais não deve somente buscar a forma mais eficiente de introduzir uma tecnologia assumindo que os seres humanos se adaptem a ela. Na arquitetura e no desenho industrial, a ergonomia é a ciência que estuda os fatores humanos no desenvolvimento de um produto; no desenvolvimento de softwares e sistemas digitais, a usabilidade é a ciência correlata que estuda como se pode facilitar a interação dos seres humanos com os computadores e torná-los mais amigáveis e mais acessíveis aos usuários.

Os computadores são vistos pela maioria das pessoas como ferramentas que estendem a capacidade dos seres humanos. Brenda Laurel e Alan Kay[42] discutem se eles são apenas isso, ideias que serão detalhadas mais adiante neste capítulo. Doug Engelbart, considerado o inventor do mouse e de modos colaborativos de utilizar computadores, enxergava a informática como uma forma de aumentar a capacidade inte-

---

41 Tradução do autor do original em inglês: *"I believe that interaction design is still in the equivalent of the early stages of cinema. As yet, we have no fully developed language unique to interactive technology. So we are still drawing on the language of previous creative modes. It may help to categorize these languages according to their "dimensions": 1D, 2D, 3D, and 4D."*

42 Tanto Brenda Laurel em *Computers as Theater* como Alan Kay em *A Personal View* propõem pensarmos o computador como uma mídia. Ambos trabalharam no laboratório Xerox Parc na Califórnia nos anos de 1970 desenvolvendo interfaces gráficas; essas pesquisas influenciaram o sistema operacional do microcomputador Macintosh, lançado em 1984.

lectual dos seres humanos, do mesmo modo como as ferramentas e outras máquinas tiveram esse papel durante séculos, permitindo ao homem domesticar animais, dominar a natureza, aperfeiçoar a agricultura, navegar, atravessar mares, guerrear, voar e conquistar o espaço.

Engelbart, em seu texto *Augmenting Human Intelect* (1962), descreve como o homem passa a ter desafios cada vez mais complexos e passa a depender de ferramentas que podem resolvê-los. Engelbart sugere que os computadores são a forma pela qual o homem irá "aumentar" a sua capacidade intelectual de modo que possa equacionar problemas complexos.

A pesquisa desenvolvida por Muriel Cooper, diretora do *Visible Language Workshop*, do *MIT Media Lab*, define o caminho a ser percorrido no futuro por designers de interfaces. Algumas semanas antes de falecer, em 1994, concedeu uma entrevista para a revista *ID* (*International Design*, setembro de 1994). Nesse artigo, Nicholas Negroponte (diretor do *MIT Media Lab* e autor do livro *Ser Digital* (1997)) define o trabalho de Muriel em duas palavras: "Beyond Windows" ou "Além do Windows". Negroponte explica: "Cooper destrói os planos de retângulos sobrepostos ao introduzir a ideia de um universo galáctico." (NEGROPONTE apud ABRAMS, 1994).

Todos esses pesquisadores atuam na área do Design de Interação Homem-Computador (IHC) ou *Human Computer Interaction* (HCI). Assim como na arquitetura, no design da interação não basta compreender a tecnologia e a engenharia por trás dos sistemas, é necessário levar em conta os aspectos humanos: os processos de cognição, de organização social e códigos culturais, permitindo que os homens consigam utilizar os computadores, onipresentes em nossas vidas. Mais importante, esses designers são inventores que, ao inovar, buscam quebrar paradigmas, permitindo-nos explorar novos mundos ou aumentar os limites do mundo em que vivemos.

Vemos que o papel do designer passa a ser redefinido com essas transformações. É possível hoje criar mundos inteiramente virtuais, nos quais podemos *habitar* pela mediação das interfaces gráficas. E, embora esses espaços devam ser compreendidos e consumidos pelos seres humanos, esses mundos não precisam necessariamente espelhar o mundo real, o que, como projetistas, talvez seja nosso primeiro ímpeto criativo. Por exemplo, a interface do computador Macintosh utiliza uma lixeira para eliminarmos coisas indesejadas, textos aparecem como documentos e são guardados em pastas e estas podem estar empilhadas ou organizadas em fichários. Mas nada impede que elas estejam em dois lugares ao mesmo tempo, que a cópia e o original sejam a mesma coisa.

2.2.1 Interação Homem-Máquina e Homem-Computador

O homem, ao projetar máquinas, inventa sistemas complexos a serem utilizados por outros seres humanos, que não precisam necessariamente compreender completamente esses sistemas para utilizá-los. Um dos exemplos a que costumo recorrer ao explicar o conceito de interface para pessoas que não têm familiaridade com computadores é a ideia de interface entre uma pessoa e um automóvel.

Automóveis são sistemas complexos: motor, chassis, carroceria, sistemas elétrico e eletrônico. Além disso, dirigir um automóvel requer habilidades motoras e a compreensão de regras e convenções. No entanto, o motorista não precisa estar ciente de todo o processo e sim se concentrar em suas ações e reações. Por meio de um volante poderá operar as rodas, o acelerador permite que aumente a velocidade, mas não necessariamente precisa saber que essa ação causa a queima de mais combustível, embora hoje em dia essa informação, devido a questões ecológicas que afetam nosso planeta, passe a incorporar a interface do homem com o automóvel, como é o caso do design do painel do Toyota Prius elétrico e do novo Fiat Economy Flex nacional, entre outros.

As marchas do carro, compreendidas como posições de uma alavanca, na prática permitem mudar a relação de engrenagens (fato evidente no câmbio de uma bicicleta de dez marchas), mas, ao utilizar a interface com o "câmbio", o que importa para o motorista de um veículo é a *informação* da posição da alavanca da marcha (às vezes representada por um gráfico) ou, no caso de um carro automático, indicado por um aviso luminoso no painel.

As convenções ditadas por questões de segurança no trânsito nos impõem a necessidade de controlar a velocidade do veículo. Esta é traduzida por um velocímetro e apresentada gráfica e dinamicamente no painel do veículo. O automóvel necessita de uma manutenção programada, como no caso da troca de óleo, e nos baseamos no odômetro e um adesivo colado no retrovisor para monitorar esse aspecto.

Ao dirigir, nos comunicamos com os outros motoristas por sinais: a parte traseira do veículo é sinalizada por luzes vermelhas, que mudam de intensidade ao diminuirmos a velocidade. Se resolvermos andar de marcha a ré, a luz vermelha na traseira do veículo transforma-se em branca, avisando da inversão do sentido de rolagem do veículo; se decidimos realizar uma conversão, acionamos uma seta amarela intermitente sinalizando a direção em que esta se realizará; ao completá-la, desvirando o volante, a seta automaticamente desliga no final da manobra. Vemos, então, que existe uma linguagem estabelecida entre o motorista, o seu veículo e outros motoristas.

O homem necessita de alguma forma de se comunicar com a máquina, por exemplo, no caso de um veículo, dando instruções de partida, velocidade e direção através de uma interface composta de um volante, pedais, alavancas e botões. Faz isso após aprender comandá-los de modo a controlar o veículo. Em um segundo momento, é necessário interagir com outros motoristas e seguir regras de condução do veículo de forma que ele não se choque com outro, sendo às vezes necessário se comunicar com outros motoristas, o que é feito por meio de sinais preestabelecidos, alguns reconhecidos internacionalmente, como o de seta; em outros casos, há códigos de certos grupos, como entre os motoristas de caminhão, ou mesmo culturais, como no caso do brasileiro, que costuma "piscar" o farol alto para "informar" outros motoristas a presença de um radar nas proximidades.

O automóvel é uma máquina representativa do mundo moderno e do mundo construído nele representado. Javier Royo (2008), ao definir o ciberespaço em seu livro *Design Digital*, utiliza a classificação do filósofo contemporâneo espanhol Javier Echeverria, que em seu livro *Cosmopolitas Domésticos* propõe a divisão da realidade em três meios (ECHEVERRIA apud ROYO, 2008):

- natureza-corpo
- cidade-sociedade
- telecomunicações-rede

Vemos que o modernismo é emblemático do segundo meio, culminando com as grandes metrópoles: no primeiro meio, o homem desenvolve a linguagem para comunicar-se com outros e organiza-se em clãs, inicialmente coletando ou caçando para sobreviver. Segundo Royo (2008), "como os sistemas de comunicação do meio natural são baseados na fala, não há necessidade de Design".

Já ao se organizar em sociedade, os códigos necessários para o homem comunicar-se ficaram cada vez mais complexos e precisam ser padronizados, como é o caso da escrita. Com a organização social, o homem cria ferramentas e estruturas e, consequentemente, informações são atreladas a estes inventos. Portanto, em paralelo ao mundo construído, passamos a ter uma camada cultural de conhecimento – códigos que permitem a reprodução e o desenvolvimento das capacidades humanas. Essa informação é registrada seja em texto, passada oralmente ou representada em desenhos e planos que simbolizam e sistematizam processos. Vemos aí o início do *design da informação*: cidades passam a ser planejadas, organizadas em forma de grade, logradouros podem ser identificados e tabulados, uma infraestrutura que culmina com o modernismo.

2.2.2 Interfaces Analógicas e Interfaces Digitais

Como vimos anteriormente, a interação do homem com o automóvel é um bom exemplo de utilização de interfaces da sociedade moderna; assim como a língua ou vestimentas, as interfaces são códigos que utilizamos para interagir com a sociedade e o meio construído, mesmo que não compreendamos o que é uma interface, como ocorre no caso do automóvel. O homem moderno tem criado interfaces cada vez mais complexas para interagir com seus inventos.

O rádio é controlado por botões, mas para operá-lo devemos compreender que ao mudar a frequência sintonizamos outra estação, representada por números que podem ser memorizados para sintonizar em um outro momento. No mundo construído, as interfaces geralmente causam uma reação direta para cada ação física ou para cada objeto de controle. Por exemplo, ao girar o botão de volume, há um aumento da intensidade do som saindo do alto-falante; ao pedalar uma bicicleta, a força de nossas pernas é transferida para a roda, permitindo o deslocamento.

No caso dos equipamentos mecânicos, nos quais ocorre uma reação direta e imediata, é mais fácil para o homem compreender a interface como uma ferramenta. Tomemos o exemplo de uma máquina de escrever: ao pressionar uma tecla, a letra referente a ela é impressa na máquina, mas essa máquina já pressupõe o conhecimento de um código, neste caso, a escrita. Já um telégrafo requer que o operador conheça previamente o código Morse e compreenda seus princípios; no caso, uma cartela impressa como o código serve de referência para o operador que não tenha memorizado o código. Ao buscarmos uma estação no rádio, nos referimos a uma lista de estações representadas numericamente; nesse exemplo o design de informação deve estar integrado ao desenho do produto, o dial do receptor de rádio.

Ao projetarmos objetos cada vez mais complexos, vemos a necessidade da identificação de partes e controles e a criação de manuais de instruções. Isso é especialmente significativo no caso de aparelhos eletrônicos. É interessante notar como isso pode evoluir de várias formas, principalmente na introdução de uma nova tecnologia: nos anos de 1930, os primeiros aparelhos receptores mecânicos de TV a serem comercializados nos EUA eram kits que vinham acompanhados de manuais detalhados,[43] direcionados a entusiastas e exigiam um alto grau de conhecimento técnico para serem montados. Vimos o mesmo caso se repetir quando os computadores pessoais foram introduzidos nos anos de 1970. Além de uma certa familiaridade do usuário com a configuração do sistema, os primeiros computadores exigiam o conhecimento da linguagem de programação da máquina.

Objetos eletrônicos, assim como tem sido com outras ferramentas no passado, passam a ser extensões do homem; mas, com o desenvolvimento da indústria eletrônica, o design de interfaces passa de uma fase em que o usuário deve entender o funcionamento da máquina para uma fase na qual se deve facilitar a utilização do equipamento, surgindo, então, os princípios de "usabilidade", ciência oriunda da ergonomia. Ao considerarem a usabilidade de um produto, os engenheiros e designers passam a adequar a funcionalidade dos equipamentos ao ser humano, em vez de fazer com que estes se adaptem à máquina.

O que há de particular com os objetos eletrônicos é que, mesmo no caso das tecnologias analógicas, a compreensão do funcionamento da máquina é cada vez mais abstrato, pelo menos para a maioria dos que a utilizam. Então o que prevalece é a necessidade de compreensão do sistema em que o equipamento se encaixa e das operações que devem ser reali-

43 Como o livreto *Hollis Baird The Romance and Reality of Television*, produzido em 1930 pela Shortwave and Television Corporation – Station W1XAV – Boston, Mass. – USA.

zadas para conseguir um dado objetivo. Por exemplo, para falar ao telefone, dirigimos a voz a um bocal (microfone) e escutamos a voz da pessoa do outro lado através de um pequeno alto-falante que colocamos ao ouvido; temos então uma conversa semiparticular com um receptor que transmite remotamente e está conectado conosco através de um par de fios de cobre (hoje, sem fio em muitos casos).

Inicialmente, não é necessário aprender a falar para se comunicar ao telefone, nem compreender a tecnologia, devemos apenas nos adaptar a um novo hábito de comunicação. Com a evolução da tecnologia, aquela torna-se mais complexa. No início, ao se fazer uma ligação, havia um(a) operador(a) que realizava fisicamente a conexão de uma linha com a outra em uma central telefônica; com o surgimento das centrais mecânicas, essa função passa a ser realizada pelo usuário, que utiliza um disco para entrar com os dados da conexão a ser realizada.

Com o número de assinantes crescendo, torna-se necessária a compilação, edição e a distribuição de listas telefônicas que passam a integrar esse sistema, adicionando uma camada de informação. Hoje, a lista de telefones está integrada aos nossos aparelhos, sendo possível guardá-la na memória do telefone. Com a iminente proliferação de telefones conectados à internet, será possível acessar listagens do mundo inteiro diretamente do aparelho.

Vemos que, embora os sistemas tenham se tornado mais complexos, em muitos casos, como no da TV, foi necessária a integração de diversas funcionalidades em um sistema: câmera, transmissor, antena, aparelho receptor etc. No início, os aparelhos utilizados na comunicação eletrônica tinham uma única função: um telefone servia para a comunicação de voz entre duas pessoas, um telégrafo para enviar sinais codificados, um fac-símile para transmitir imagens e assim por diante.

Com o passar do tempo, ficou cada vez mais comum objetos integrarem diversas funcionalidades: os primeiros receptores de televisão integraram um receptor de imagens a um rádio; o automóvel passou a incorporar um rádio em seu painel; nas décadas de 1950 e 1960 popularizaram-se as eletrolas, que combinavam toca-discos e rádio em único aparelho.

Hoje, vemos a combinação de diversas funcionalidades em um único objeto que não representa necessariamente sua função: um celular pode funcionar perfeitamente como uma

Design de Interfaces e Convergência Digital 71

Figura 2.1 – Eletrola Rigonda, 1969.
Fonte: Wikimedia Commons. Foto de И.Савин – Imagem em domínio público

câmera, mas não se assemelha em nada com a noção estabelecida de com que uma máquina fotográfica deva parecer. Portanto, hoje a forma de um objeto pode não representar sua função, embora seja perfeitamente capaz de realizar funções diversas.

Com a digitalização, as funções de um aparelho e a forma de evidenciá-las devem sobrepor-se mediante camadas visuais ou da temporalidade da representação da informação. Isso se dá principalmente por meio das interfaces gráficas. Mas, antes de entrarmos nesse assunto, vamos voltar brevemente às interfaces dos primeiros aparelhos eletrônicos: em alguns casos, as funções não eram evidentes fisicamente, como no caso de localizar uma música em um tocador de fita cassete; para se localizar uma música em um disco long play, era possível visualizar a faixa por indicações nos sulcos do vinil, estando o disco em movimento bastava abaixar o braço da vitrola para reproduzi-la.

Já no caso de uma fita cassete, é necessário acionar o comando de reprodução ou de avanço rápido para localizar uma música; uma operação até então bastante simples se torna bastante complexa, para não dizer suscetível a uma imprecisão. Se por um lado a fita cassete adicionava novas facilidades à reprodução de música gravada, com a possibilidade de compilar uma coleção individual de música e a facilidade de mobilidade do equipamento, ela passa a exigir o desenvolvimento de uma interface indireta, em que as operações são representadas por símbolos: reprodução, gravação, pausar, parar e retroceder, que identificam teclas que, de outro modo, são idênticas e acionam o mecanismo interno de modo diferente.

Por exemplo, a combinação da tecla de reprodução com a de avanço rápido possibilita a reprodução de modo rápido da música. Nesse caso, vemos duas inovações: a utilização de símbolos abstratos (setas e cores) representando funções físicas e a utilização de indicadores de status e indexação; no caso, o estado do botão (pressionado ou não) indicando o estado da função, enquanto uma janela no cartucho da fita permite observar quão próximo se está do início ou final da fita.

Assim como o rádio necessita da representação numérica da frequência sendo sintonizada em um dial para que o ouvinte encontre uma estação, os aparelhos de fita cassete utilizam símbolos para representar funções para localizar uma música. Se em ambos os casos essa simbologia tem uma relação direta com funções mecânicas dos aparelhos, no caso da fita cassete o som está gravado magneticamente na fita e não é visível aos nossos olhos (embora haja uma alteração física do substrato) e, portanto, é necessária a utilização de uma interface para determinar o início de uma música.

Com a digitalização, passamos a ter que representar funções utilizando metáforas de processos e objetos existentes ou conhecidos pelos usuários, pois não há necessariamente uma ação e reação física ao se realizar uma tarefa. Por exemplo: ao executarmos uma música em um iPod ou um aparelho de MP3 (tocadores digitais de música), acionamos a tecla Play (>) simbolizada por um ícone que representa o avanço de uma fita gravada e que nos induz a pensar que algo se movimenta, mas, na realidade, nada está tocando, o que está ocorrendo é que a informação digitalizada daquele som está sendo acessada e uma ordem é enviada para que ele seja modulado em frequências elétricas que chegarão a um fone de ouvido;

Design de Interfaces e Convergência Digital

a única coisa que se move, na realidade, é a membrana do fone de ouvido, que ao vibrar movimenta o ar e, consequentemente, nossos tímpanos.

2.2.3 Metáforas e a Linguagem das Interfaces

Hoje encontramo-nos em um estágio em que projetamos interfaces que na maioria dos casos utilizam metáforas representando objetos, funções e tarefas do mundo construído. Mas, se considerarmos que estamos vivendo em uma sociedade onde grande parte de nossas atividades é realizada em redes de telecomunicação, ou seja, no ciberespaço, percebemos que há um esforço desnecessário aplicado à tradução do mundo construído para o mundo virtual.

Vamos tomar o exemplo de uma máquina de escrever: desde criança aprendemos a desenhar as letras de nosso alfabeto utilizando um lápis ou uma caneta e, com isso, conseguimos nos expressar com a palavra escrita; agora, se queremos apresentar um trabalho finalizado, uniformizado e facilmente reproduzível, procuramos digitalizar o texto, seja em uma máquina de escrever ou um processador de texto, casos em que utilizamos a mão de uma forma totalmente diferente, pois a máquina realiza a tarefa de desenhar as letras; para isso temos que conhecer a posição dos caracteres em um teclado – QWERTY –, e essa interface tem uma reação imediata ao nosso comando (input), ou seja, é uma interface WYSIWYG.[44] Já um programa gráfico de desenho em um computador, como o Paint ou Photoshop, utiliza um lápis ou papel para facilitar a ação de algo que simula essa ferramenta, mas que, no fundo, é totalmente diferente, pois sabemos que a utilização dessas metáforas é completamente redundante, tornando os programas cada vez mais pesados.

Estudantes de cinema podem nunca ter visto um filme ser editado da forma analógica em uma *Moviola*, uma máquina onde se carregam rolos de película que são cortados e colados fisicamente, mas montam seus filmes em programas de edição que utilizam o símbolo de uma lâmina para realizar um corte no "ponto de edição" e os "rolos" são representados e organizados em tiras, como era feito anteriormente. No entanto, esse processo é bastante confuso para quem não passou pela experiência anterior: isto é, se o objetivo é selecionar trechos de um filme e conectá-los (isso ainda considerando que se pretende realizar uma montagem de modo linear), talvez faça mais

44 WYSIWYG é o acrônimo de *What you see is what you get*, significando que há uma resposta direta do computador ao input do usuário.

sentido realizar a montagem por alguma outra forma de indexação e conexão dos elementos físicos. Como essas interfaces
foram projetadas em um primeiro momento para substituírem
os equipamentos existentes e serem utilizadas pelos técnicos
já familiarizados com estes, elas acabam simulando processos
completos, mas que no final tornam a tarefa bastante inefi-
ciente, para não dizer confusa para quem não tem essa bagagem (e não precisa dela).

Não estou dizendo que a linguagem, a gramática da montagem de um filme ou da escritura de um texto devem ser igno-
radas ou reinventadas, pelo contrário, o foco de atenção de um
desenvolvedor de uma interface ou de um programa de computador deve ser exatamente a essência, mas deve no futuro liber-
tar-se das limitações físico-mecânicas dos processos atuais.
Estes, por sua vez, também devem ser preservados, pois geram
"ruídos" particulares no meio e podem ser incorporados a qualquer momento como um elemento de linguagem, mas não
como um "ruído" que interfira na funcionalidade do processo.

2.2.4 A Camada das Marcas

No pós-modernismo, vemos a sociedade de consumo criar uma
nova camada entre o homem e o meio construído, as máquinas
e os objetos. Segundo Guy Debord (1967),[45] a marca e atributos de marketing adicionaram aspectos não funcionais como o
desejo, a obsolescência e as tendências da moda aos produtos
construídos. O design de uma interface vem imbuído dos valores da marca e, às vezes, pode ser construído completamente
por ela. Vejamos o caso de uma loja virtual: se considerarmos a
comparação entre duas empresas tomando, por exemplo, uma
empresa sólida e preestabelecida no mundo real, como a Livra-
ria Cultura ou a Barnes & Noble, nos EUA, e outra empresa
cujo site é bem desenhado, é funcional e entrega o que promete,
como a Amazon ou o site de vendas Submarino. Essas empresas virtuais, embora nunca visitadas fisicamente pelos seus
clientes e sem referenciais históricos, hoje têm a confiança de
seus clientes baseada na sua representação gráfica, na funcionalidade de sua arquitetura de navegação, segurança de seus
sistemas de cobrança e principalmente no seu histórico docu-
mentado por seus clientes e divulgado na internet.

Mesmo em relação ao design do produto em si, muita
coisa mudou na sociedade pós-moderna. Um carro não é mais

45 Guy Debord, *La société du specta-
cle*, 1967, tradução em inglês *The
Society of the Spectacle*, Zone
Books, 1995.

apenas um transporte, mas uma experiência em si, um símbolo de status ou um estilo com o qual o consumidor se identifica; acessórios, detalhes que nada têm a ver com a funcionalidade do automóvel servem como atrativos para um consumidor escolher determinado modelo ou marca. Se observarmos os anúncios de automóveis, podemos notar que se tem dado cada vez mais importância ao conforto no interior do veículo, aos acessórios, entretenimento ao incorporar tocadores de música digital e DVDs, sistema de informação como GPS que auxiliam na navegação e computadores de bordo que auxiliam no comando do veículo, cores e detalhes e uma infinidade de modelos que tornam o veículo atrativo para grupos diversos. Há carros para mulheres, jovens, idosos, rebeldes, comportados ou aventureiros; mas, em comparação, pouca importância é dada a características do veículo como autonomia de rodagem, manutenção, emissão de gases.

2.3 Pioneiros em Design de Interfaces Gráficas

Apresento aqui um quadro de referência teórico do design de interfaces gráficas e as novas mídias. Este estudo expõe a síntese das ideias e algumas citações de autores considerados fundamentais na área.

Designing Interactions, editado por Bill Moggridge, conta com a introdução de Gillian Grampton Smith e acompanha um DVD de entrevistas com vários dos designers e autores que participam do livro. Além de Moggridge e Smith, neste trabalho apresento as ideias de Alan Kay, Doug Engelbart, Larry Tesler e John Maeda, contidas em entrevistas, artigos e livros.

Dou especial atenção às pesquisas do laboratório Xerox Parc, em que se originou a interface gráfica dos computadores pessoais tal como a conhecemos hoje, e ao trabalho desenvolvido por Brenda Laurel tanto no seu livro *The Art of Human Computer Interface Design* (1990), que foi um marco ao coletar textos, pesquisas e discutir interfaces que operam mediante metáforas e símbolos, como também em *Computers as Theater*, em que traça um paralelo entre o design de interface e a representação teatral. Em relação às novas direções que o design de interação tem tomado, a revista *Interactions*, publicada pela SIGCHI (Special Interest Group Computer Human Interaction) da ACM (Association for Computer Machinery), foi uma referência fundamental.

2.3.1 Doug Engelbart – aumentando o intelecto humano

Douglas C. Engelbart é considerado o inventor do mouse. Bill Moggridge relata que, ao entrevistá-lo sobre o seu invento, Engelbart conta que estava entediado em uma conferência e observava um aparato de medir superfícies curvas que utilizava duas roldanas em eixos opostos; a partir dessa observação, esboçou algumas ideias em que um mecanismo poderia dimensionar a distância no eixo leste-oeste e norte-sul, assim concebendo o mouse (MOGGRIDGE, 2007:17). No início dos anos de 1960, Engelbart obteve financiamento para pesquisar formas de interagir e selecionar objetos na tela do computador, trabalhando com o designer Bill English no Stanford Research Center, nos EUA.

Engelbart e English iniciaram a pesquisa utilizando inventos disponíveis na época, como o *light-pen* e *track ball*, e foi aí que resgataram esboços que haviam feito anteriormente, culminando na invenção do primeiro mouse. Ao ser testado por usuários sem experiência com computadores, o mouse provou ser o mais intuitivo dos inventos, pois permitia maior naturalidade na interação com a tela do que um teclado. Esses testes foram inovadores porque, nesse período, ainda não existia a disciplina de "fatores humanos" na computação. Somente

Figura 2.2 – Protótipo do primeiro mouse, 1963-1964.
Fonte: SRI International.

Design de Interfaces e Convergência Digital

mais tarde, quando Stu Card desenvolve os menus "pull down", é que pesquisadores passam a testar sistematicamente a interação dos usuários com os computadores.

Engelbart cita a influência do "Memex" de Vannevar Bush, uma máquina que permitiria incrementar a memória dos seres humanos. O interesse pelas ideias de Bush o leva a dedicar-se exclusivamente à pesquisa de um sistema que pudesse aumentar a capacidade humana de processar e armazenar informação e utilizá-la no seu dia a dia no *Augmentation Research Center* (ARC), laboratório onde desenvolveu o "oN-line System" (NLS).

Em 1968, realizou uma demonstração desse sistema que permitia a pessoas conectadas remotamente interagir com um computador por meio de uma interface gráfica e um mouse. Muitos acreditam que essa demonstração tenha "mudado o mundo" (MOGGRIDGE, 2007). Em um dos artigos publicados sobre as pesquisas desenvolvidas no ARC, Engelbart define quatro áreas em que o intelecto humano pode ser "aumentado":

1. Artefatos – objetos físicos projetados para oferecer conforto aos homens, a manipulação de coisas ou materiais e a manipulação de símbolos.
2. Linguagem – a forma como indivíduos classificam (traduzem) retratos de seu próprio universo em conceitos que suas mentes utilizam para modelar o mundo, e símbolos atrelados a estes conceitos e utilizados conscientemente para manipulá-los.
3. Metodologia – os métodos, procedimentos e estratégias com as quais um indivíduo organiza suas atividades centralizadas em meta (resolução de problemas).
4. Treinamento – o condicionamento necessário para um indivíduo aumentar suas capacidades nas áreas 1, 2 e 3 de modo que sejam operacionalmente efetivas.

Portanto, o sistema que pretendemos melhorar pode ser visualizado como um ser humano treinado, junto com seu artefatos, linguagem e metodologia. O novo sistema explícito que contemplamos incorporará como artefatos os computadores, o armazenamento de informações controlado por computadores e a manipulação de informação e dispositivos para visualização de informações. (ENGLEBART, 1962 apud MOGGRIDGE, 2007:32).[46]

46 Tradução do autor do original em inglês de Douglas C. Engelbart, *Augmenting Human Intellect*, 1962.
"(1) Artifacts – physical objects designed to provide for human comfort, for the manipulation of things or materials, and for the manipulation of symbols.
(2) Language – the way in which the individual parcels out the picture of his world into the concepts that his mind uses to model that world, and the symbols that he attaches to those concepts and uses in consciously manipulating the concepts ('thinking').
(3) Methodology – the methods, procedures, strategies, etc., with which an individual organizes his goal-entered (problem-solving) activity.
(4) Training – the conditioning needed by the human being to bring his skills in using Means 1, 2, and 3 to the point where they are operationally effective.
The system we want to improve can thus be visualized as a trained human being together with his artifacts, language, and methodology. The explicit new system we contemplate will involve as artifacts computers, and computer-controlled information-storage, information-handling, and information-display devices.

Figura 2.3: Engelbart no ensaio da demonstração do oN-line System em 1968
Fonte: SRI International

No demo do "oN-line System" na "Fall Joint Computer Conference" de 1968, Engelbart apresenta em tempo real a possibilidade de interação de usuários de dois computadores remotos, de menus gráficos hierárquicos e diversas inovações, como a possibilidade de selecionar links, visualizar a informação de modos diferentes e outras que foram incorporadas nos computadores que hoje utilizamos diariamente.

Em seu artigo "Augmenting the Human Intellect", publicado em 1962, Engelbart define que "aumentar o Intelecto Humano significa aumentar a capacidade de o ser humano lidar com uma situação ou problema complexo" e estabelece os motivos de suas pesquisas ao afirmar que: "A população humana e sua produção aumentam consideravelmente, mas a complexidade de seus problemas ainda aumenta mais rapidamente e a urgência destes problemas é cada vez maior" (ENGELBART, 1962). E apresenta um quadro de referência conceitual no qual sugere hierarquias de processos, pequenos passos que as pessoas podem usar para resolver problemas complexos, sínteses de nossas capacidades para resolver problemas complexos.

2.3.2 Alan Kay – interface do usuário, sua visão pessoal

Alan Kay é um norte-americano conhecido pelo seu trabalho pioneiro em programação orientada por objetos, design de interface gráficas com "múltiplas janelas" e a invenção do Dynabook, predecessor do laptop. Em seu texto *User Interface: A Personal View* (KAY, 1990), descreve essas pesquisas e como seu trabalho foi influenciado pela leitura da obra de Marshall McLuhan e pelos estudos de psicologia cognitiva conduzidos por Seymour Papert (1980).

Com um grande interesse em aplicar na computação o que se denominava "ergonomia" na Europa ou "Fatores Humanos" nos EUA, passou a incorporar em sua pesquisa ideias de McLuhan após a leitura de *Understanding Media* (McLUHAN, 1964), quando descobriu que a coisa mais importante sobre qualquer meio de comunicação é "recuperar a mensagem" em que o receptor tenha o meio internalizado de modo que se subtraia o meio e só reste a mensagem. Ele conclui que o computador é um meio e que, assim como ocorreu com a introdução do livro na Idade Média, através dele haverá uma transformação nos padrões de raciocínio daqueles que são letrados.

Em 1968, estava desenvolvendo a ideia de um computador do tamanho de um livro de anotações que ele chamou de Dynabook, "capturando a metáfora de McLuhan no silício que estava por vir". Nesse período, conhece o trabalho de

Figura 2.4 – Dynabook de Alan Kay.
Fonte: Cortesia da PARC – A Xerox Company.

Seymour Pappert, que estava desenvolvendo a linguagem LOGO de programação para crianças ou pessoas que não tinham conhecimento de computação. Pappert aplica as teorias de Jean Piaget nessa linguagem de programação. O Dynabook veio a ser o que hoje conhecemos como computador Laptop ou Tablet PC, mas seu projeto original tinha como objetivo ampliar o acesso das crianças às mídias digitais, embora também pudesse ser utilizado por um adulto.

Kay pessoalmente não encontra aplicação prática nas teorias de Piaget, mas é bastante influenciado pelo trabalho de Jerome Brunner *Towards a Theory of Instruction* (1966), que, segundo ele, encontrou uma forma bastante poderosa de aplicar as teorias de cognição de Piaget ao decompor a capacidade humana de aprendizado nas seguintes mentalidades:

- Cinestésica
- Icônica
- Intuitiva

Kay afirma que a interação com as interfaces homem-máquina são como aprender, portanto, devem basear seu desenvolvimento em teorias de cognição humana. Em *A Personal View*, Alan Kay apresenta um modelo das funções de cada mentalidade:

representativa   *conhecer onde se está situado, manipular*

icônica   *reconhecer, comparar, configurar, concretizar*

simbólica   *juntar longos encadeamentos do raciocínio, abstrato"*

A partir do que concebeu o mote:

Fazendo com Imagens produz Símbolos[47]
(KAY, 1990: 196).

Segundo Kay, sua afirmação implica que se deve começar da forma concreta "Fazendo com Imagens" e ser levado ao mais abstrato "produzindo Símbolos". A seguir vemos o modelo onde Kay aplica as teorias de Brunner na interface desse projeto (KAY, 1990: 197):

47 Tradução do autor do original em Inglês: *"Doing with Images makes Symbols"*.

Design de Interfaces e Convergência Digital

Tabela 2.1: Modelo de Alan Kay em *A Personal View*, 1990

FAZER	mouse	*representativo* situado, manipular	conhecer onde se está
com **IMAGENS**	ícones, janelas	icônico	reconhecer, comparar configurar, concreto concretizar/
faz **SÍMBOLOS**	Smalltalk[48]	simbólico	juntar longos encadeamentos do raciocínio, abstrato

Essas ideias são postas em prática no projeto FLEX que desenvolviam no Xerox Parc. FLEX era uma pequena máquina com um display de LCD plano e uma tablet como dispositivo de entrada que usava caneta para apontar os objetos. Como o display do FLEX era bastante reduzido, a solução foi utilizar na interface múltiplas janelas sobrepostas umas às outras.

2.3.3 A Metáfora do Desktop

Os projetos desenvolvidos pelo laboratório Xerox Parc culminaram em 1981 no lançamento comercial pela Xerox do sistema Star, considerado uma "revolução no design de interfaces para computadores pessoais" (PREECE et al., 2005: 53). O Star combinava inovações do computador Alto como um display com uma resolução que permitia exibir imagens gráficas, e a linguagem Smalltalk de Alan Kay. O sistema não teve um bom desempenho de vendas; quando de seu lançamento, a Xerox realizou estudos de mercado que sugeriam que o seu público-alvo pagaria mais pela tecnologia incorporada no sistema. No entanto, esse mesmo público acabou optando por pagar menos pela interface inferior do IBM PC, lançado pouco depois (MOGGRIDGE, 2007).

Steve Jobs, em visita ao laboratório Palo Alto da Xerox, interessou-se pelo Smalltalk, trazendo Alan Kay para a Apple para incorporar as pesquisas de Palo Alto em seus computadores, culminando com o lançamento do Macintosh em 1984, com o slogan "The computer for the rest of us (o computador para o resto de nós)" (JOHNSON, 2001). Eventualmente

48 "Smalltalk" é uma linguagem de programação orientada por objetos.

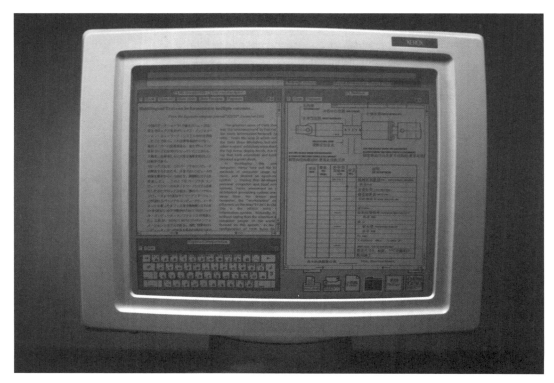

Figura 2.5 – Xerox Star System, 1981.
Fonte: Cortesia da PARC – A Xerox Company.

muitas das ideias do sistema Star implementadas no sistema operacional do Apple Macintosh foram "adaptadas" no Microsoft Windows para utilização nos computadores PCs, que ironicamente tiveram um papel no fracasso comercial do Star. A introdução do Macintosh, ao popularizar as interfaces gráficas, tornou os computadores pessoais mais amigáveis e acessíveis.

Apple Computer, o Macintosh e a interação humano-computador

Uma das características mais marcantes da interface do Macintosh é a metáfora do "desktop", que pode ser traduzido como "escrivaninha". Ela surgiu da necessidade de desenvolver uma interface onde o usuário pudesse realizar ações em documentos e arquivos, como arquivá-los ou renomeá-los, de uma forma externa, em vez de realizá-las internamente, sem a necessidade de abrir o arquivo em um aplicativo. Essa metáfora tem sua origem no laboratório de pesquisa da Xerox, quando Tim Mott, obcecado por resolver esse problema, começou a rabiscar em um guardanapo um esquema de um escritório onde seria possível mover documentos que seriam arrastados de um lugar para outro por ícones representando gabinetes de fichários, uma impressora e uma lixeira. O desenho ainda incluía relógios e cestas para guardar documentos que seriam arquivados posteriormente. Esse esquema tornou-se o precursor da metáfora do "Desktop" que conhecemos até hoje.

Pesquisadores da Xerox Parc como Larry Tesler e Alan Kay integraram o laboratório de pesquisa Advanced Technology Group (ATG) da Apple Computer, e, junto com Bill Atkinson e Larry Tesler, entre outros, desenvolveram os elementos que integraram a interface dos computadores Macintosh e programas como Mac Paint, Hypercard e Quickdraw, que permitiram explorar as vantagens do novo sistema operacional. Nesse mesmo período, no final do anos de 1980, Joy Mountford, que liderava o Human Interface Group da Apple, propôs um curso de treinamento em design de interfaces para os funcionários da empresa. O projeto cresceu e transformou-se em um livro, editado por Brenda Laurel, que reúne textos de integrantes da equipe de desenvolvimento de produtos e interface da Apple e pontos de vista externos à empresa, tendo contribuições de Donald Norman, Ted Nelson e Nicholas Negroponte. A publicação desse livro foi um marco ao amplificar o envolvimento de profissionais de diversas áreas no desenvolvimento de computadores e o uso que se pode fazer deles.

Windows, menus, ícones etc.

As interfaces WIMP (window, icon, menu, pointing device), compostas de janelas, ícones, menus e dispositivos de seleção de objetos na tela, foram concebidas inicialmente na Xerox Parc e popularizadas com a introdução do Macintosh. Esse estilo de interação que se tornou bastante comum nas interfaces gráficas foi incrementado por pesquisadores que atuaram na Apple, como Larry Tesler, Joy Mountford e Bill Atkinson.

Larry Tesler trabalhou na Apple nos anos de 1980, e a ênfase do seu trabalho era desenvolver softwares que fossem simples e de fácil utilização. Tesler acreditava que a melhor forma de se criar um programa era com a participação dos usuários e, assim, desenvolveu técnicas para observar como as pessoas realizavam tarefas; desse modo, criou programas que permitissem que as pessoas se familiarizassem facilmente com novas tecnologias. No período em que trabalhava na Apple, ele inventou o *"cut and paste"*, permitindo mover "pedaços" de informações dentro de um aplicativo e entre aplicativos distintos; criou também caixas de diálogo editáveis que permitiam ao usuário "responder" ao computador de uma forma mais coloquial.

Defensor da teoria de que a tecnologia deve ser simplificada, Tesler concentrou a funcionalidade do mouse em um único botão. Na entrevista encontrada no DVD que acompanha o livro *Designing Interactions*,[49] relata que, quando trabalhava com Bill Atkinson no desenvolvimento do sistema operacional do novo computador Lisa da Apple (predecessor do Macintosh), Atkinson concebeu e programou toda a estrutura de menus *"pull down"* em uma única noite.

Joy Mountford, nascida na Inglaterra, foi residir nos EUA ao receber uma bolsa de estudos para realizar pesquisas em Psicologia da Engenharia de como pilotos interagiam com os complexos controles de aeronaves e de como os simuladores de voo poderiam auxiliar no treinamento dos pilotos. Nos EUA, começou sua carreira na Honeywell projetando controles e displays para aviões militares e para o Space Shuttle, mais tarde criou e administrou o Human Interface Group na Apple.

Em sua entrevista no DVD de *Designing Interactions*,[50] Joy Mountford (2007) descreve como ela e seu colega Mike Mills desenvolveram o que chamavam de *ícones dinâmicos*, mais tarde vindo a se consolidar como o formato Quicktime, permitindo visualizar vídeos no computador. Quando apresentou o Quicktime Player ao vice-presidente de engenharia da Apple, ouviu dele: "Agora eu vejo como minha avó irá se interessar por computadores"; até então, Mountford nunca havia pensado na possibilidade de sua própria avó usar um computador, mas naquele momento sua percepção de como as pessoas poderiam usar um computador mudou completamente.

Os vídeos apareciam na tela como imagens estáticas; um dos problemas era fazer com que os usuários soubessem que essas imagens poderiam estar em movimento, o que foi resolvido com um controlador bastante simples que permitia que as pessoas reproduzissem, pausassem, retrocedessem ou avançassem o vídeo, sons e animações. Esse tipo de controlador hoje é utilizado pela maioria dos formatos de vídeo digital, como o Quicktime, Real-player, Windows media e Flash

49 Entrevista de Larry Tesler em: Bill Moggridge, *Designing Interactions*, Cambridge, MIT Press, 2007.

50 Joy Mountford, entrevistada em: Bill Moggridge, *Designing Interactions*, Cambridge, MIT Press, 2007.

Design de Interfaces e Convergência Digital

video. Estes, hoje, se tornaram bastante familiares entre o público em geral com a popularização de sites de vídeo na internet, como o YouTube.

2.3.4 Brenda Laurel – computadores como teatro

Apelidada por seus colegas profissionais de "diva digital", por participar do universo do teatro simultaneamente ao da computação, Brenda Laurel demonstrou para engenheiros e designers como pensar nas pessoas que utilizam os computadores e usar a interpretação teatral no design de interfaces (MOGGRIDGE, 2007). Seu segundo livro, *Computers as Theater*, foi publicado em 1993. Laurel define *Computers as Theater* como "Uma teoria dramática da atividade homem-computador". Embora esse livro tenha quase vinte anos, suas ideias inovadoras para a época têm ganhado um interesse renovado nos últimos anos, e uma de suas frases mais célebres que sintetiza suas teorias é: "Pense no computador não como uma ferramenta, mas como uma mídia"[51] (LAUREL, 1993: 126).

Donald Norman, em sua introdução a *Computers as Theater* (LAUREL, 1991), afirma que os estudiosos do campo de interação homem-máquina talvez se desapontem com o livro, pois ele não contempla estudos controlados e sim estuda "personagens" e "pontos de vista". Norman defende que os "engenheiros devem voltar a se concentrar na engenharia desenvolvendo novas tecnologias, dando espaço para uma nova geração de indivíduos criativos associados com as disciplinas como poesia, literatura e direção teatral. E pergunta (referindo-se a Laurel): "Quem melhor conhece as interações humanas do que um dramaturgo?" (NORMAN in LAUREL, 1993).

Norman levanta o fato de que novas tecnologias estão em toda parte, rodeiam-nos, tomam conta do dia a dia, desde os caixas eletrônicos, passando por DVDs até os fornos de micro--ondas. Uma das questões chaves dessas novas tecnologias é a "interatividade", que é comum a todos, pois ela pode nos ajudar a interagir melhor com outras pessoas, com sistemas, com as próprias máquinas.

Mas a tecnologia tem sido criada apenas por "tecnologistas", que enfatizam cada vez mais os aspectos "tecnológicos" das máquinas que eles criam, obrigando-nos a aprender como operar a cada vez mais um aspecto da máquina, assimilar uma nova tecnologia e decorar suas instruções. Norman pergunta se

51 Tradução do autor de: *"Think of the computer, not as a tool, but as a medium"*, Brenda Laurel em *Computers as Theater*, 1993.

esses inventores não parariam um instante para pensar sobre o "prazer" ou a "experiência" resultante da utilização de uma tecnologia. Segundo Brenda Laurel, em 1993 pouco havia mudado nas regras do Design de Interfaces, que eram até então:

- Projetar objetos e ambientes consistentes.
- Desenvolver uma metáfora para a ação, ferramentas e ações de modo a fazer com que todas as atividades sejam consistentes com esta metáfora.
- Pensar no computador como uma ferramenta. (LAUREL, 1993, cap. 5).

Laurel formula novas regras como contraponto às estabelecidas:

- Focar em desenhar a ação. O design de objetos e personagens é subsidiário a este objetivo central.
- Metáforas na interface têm uma utilidade limitada. O que você ganha agora pode lhe custar caro mais tarde.
- Pense no computador não como uma ferramenta, mas como uma mídia. (LAUREL, 1993, cap. 5).

Segundo Norman, as "antigas" regras faziam sentido, no contexto da escala mais restrita vigente na época, mas que, no futuro, um pensamento mais amplo como o de Laurel seria mais coerente, pois ela se preocupava com a experiência total; se novas tecnologias iriam enriquecer nossas experiências, essas tecnologias precisariam ser construídas com uma visão global. A visão dominante vigente no período era a de pensar a computação interativa como um "aplicativo + interface". No entanto, há uma diferença conceitual entre um aplicativo que tem funcionalidades específicas para atingir um determinado objetivo e uma interface que representa essa funcionalidade para as pessoas (LAUREL, 1993).

> Um aplicativo serve para resolver uma funcionalidade específica e a interface é a coisa que permite a mediação entre nós e o funcionamento interno da máquina. Esta interface é tipicamente projetada por último, depois de o aplicativo ser totalmente concebido e talvez até implementado; ela é anexada a um pacote preexistente de "funcionalidade", servindo como superfície de contato. (LAUREL, 1993)

Essa "superfície de contato", particularmente a interface gráfica do usuário de um computador Macintosh, depende de tal maneira do uso de metáforas, que se torna inquestionável, como se estabelecesse uma "Ideologia Metafórica", chegando ao extremo de representar coisas que não fazem nenhum sentido, como uma pasta em uma escrivaninha, que engole as folhas de papel colocadas em cima dela. (NELSON, 1990).

Laurel propõe pensar na interface como uma "arena" na qual os papéis são interpretados por seres humanos e máquinas. Desse modo, múltiplos agentes representam ações em sua integralidade, o que, segundo a autora, é precisamente a definição do teatro. Laurel desenvolve essa teoria a partir das ideias de Donald Norman, em *The Psychology of Everyday Things*. Norman defende que as metáforas têm suas limitações como facilitadoras de ações, propondo que: "O design de uma interface eficiente deve começar com a análise do que uma pessoa está tentando fazer, em vez de uma metáfora ou noção do que deve ser exibido na tela" (NORMAN, 1988).

O termo "manipulação direta" de objetos nas interfaces gráficas de computadores foi introduzido por Ben Shneiderman, da Universidade de Maryland, em 1983, e o conceito é baseado em teorias advindas da psicologia, segundo as quais as pessoas podem relacionar-se com objetos em mundos virtuais tendo por base o conhecimento desses objetos no mundo real. "O critério da manipulação direta é a representação contínua de objetos e interesses e ações rápidas, incrementais e irreversíveis, causando um impacto visual imediato nos objetos em si" (SHNEIDERMAN, 1983).

Para Laurel, a representação gráfica é fundamental no design de interfaces, assim como a cenografia é fundamental no teatro. O designer gráfico, ao representar objetos em uma interface, passa a atuar como um cenógrafo. Ao criar um contexto para as ações que podem ser aplicadas a um objeto, projeta-se o comportamento destes, por exemplo: ao clicar em uma porta, o usuário desencadeia uma ação em que ela se abre ou fecha. No teatro, o iluminador, trabalhando junto com o cenógrafo, utiliza elementos como cor, intensidade e direção para destacar uma ação. Eles estão empregando metáforas de modo a amplificar determinadas ações em uma cena (LAUREL, 1993).

O designer que atua nas mídias audiovisuais deve preocupar-se com a escala relativa entre a tela e o usuário. No caso

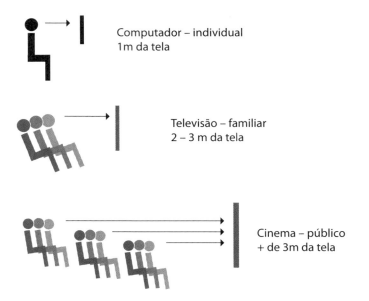

Figura 2.6 – Escala do público em relação às diversas mídias audiovisuais.
Ilustração do autor adaptada de Laurel (1993).

do computador, a escala é individual; já a televisão, estando situada na sala, apresenta uma escala familiar, e o cinema cria um ambiente público. A ilustração acima apresenta as questões de escala em diversas mídias audiovisuais.

O teatro tem uma escala equivalente à do cinema, no entanto o público do teatro dá retorno ao ator, o que não ocorre no cinema. Em ambos os casos, "o público não tem noção dos aspectos técnicos, ou melhor, se desliga dele, assim como no cinema abstraímos o projetor" (LAUREL, 1993). Já os computadores permitem o retorno de informações do usuário à máquina e às pessoas conectadas às máquinas, mas, como suas interfaces são demasiadamente presentes, elas não possibilitam o nível de abstração dos aspectos técnicos, como ocorre no cinema e no teatro.

Laurel apresenta a ideia de que no teatro, onde o público é participativo, este gera ruído e passa a ser ator. Na sua visão teatral da atividade homem-computador, o palco é um mundo virtual, povoado por agentes tanto humanos como gerados por computadores. No teatro, o maquinário das coxias apoia a representação, enquanto "por trás" das telas dos computadores reside uma "magia técnica" do software. Em ambos os casos, a natureza da mágica, seja ela realizada por software ou mecanismos, não tem importância para o público (ou usuário). O valor está no que resulta no palco. Em outras palavras, "representação é tudo que há" (LAUREL, 1993).

As atividades computacionais são classificadas por Laurel como *produtivas,* citando o exemplo das calculadoras, ou *experienciais,* como ocorre nos games. Nas atividades produtivas, os aspectos técnicos da engenharia do software são mais evidentes, ao passo que, nas experienciais, passamos a abstraí-las. A história do cinema ilustra a transição de uma disciplina da engenharia que, ao desenvolver uma linguagem própria, passa a ser uma forma de expressão artística.

A visão humanista da computação proposta por Laurel é fundamentada nos seis elementos da estrutura dramática da *Poética* de Aristóteles, e, segundo a autora, as semelhanças das atividades homem-computador com a dramaturgia permitem utilizar a relação entre os "seis elementos" como base para a análise do design da interação do homem com computadores. Segundo Laurel (1993), os seis elementos da *Poética* são estruturados hierarquicamente da seguinte forma:

Ação

Personagem

Pensamento

Linguagem

Melodia

Atuação

Cada elemento é uma causa formal na sequência, desde a "Ação" até a "Atuação" e, no sentido inverso, uma causa material.

Aristóteles define o "espetáculo" como o elemento fundamental da dramaturgia, ou seja, tudo o que é visto; e o teatro tradicional considera primordialmente os sentidos da audição e da visão, levando Laurel a constatar que "o espetáculo é tudo que se vê e se ouve". Ao seguir a lógica da estrutura proposta por Aristóteles, os sentidos tradicionalmente considerados pelo teatro clássico, Laurel propõe um modelo no qual replica essa estrutura nos computadores, já que ambos trabalham de forma similar com os sentidos. Na estrutura proposta por Laurel, os elementos são transpostos para o universo da computação da seguinte forma:

> A *ação*, sendo representada como um todo, é definida pela colaboração do usuário e do sistema. No teatro, teoricamente, ela é a mesma em cada apresentação; na computação, ela pode variar em cada sessão.
>
> Os *personagens*, assim como no teatro, são compostos de traços e predisposições inferidos por padrões escolhidos pelo agente, mas na computação incluem agentes humanos e computacionais.
>
> O *pensamento* é um processo internalizado que leva a escolhas como cognição, emoção e razão, e pode incluir processos originados pelo computador ou pelo ser humano.
>
> A *linguagem*, que no teatro vem de uma seleção de palavras, na computação inclui signos verbais, visuais, auditivos e outros fenômenos não verbais.
>
> A *melodia*, que se expressa no teatro como padrões sonoros especificamente da fala, na computação estende-se ao prazer na percepção dos sentidos.
>
> O *espetáculo ou atuação*, ou tudo que é visto no teatro, são as dimensões sensitivas da ação sendo representada: visual, auditiva, cinestésica e tátil, entre outras.

A pesquisa de Laurel tem uma importância significativa no estudo do design de interfaces para a TV Digital, ao trazer à tona os aspectos humanos na computação. A TV, sendo uma mídia do entretenimento, assim como o cinema, possibilita a imersão de seu público ao abstrair os aspectos tecnológicos. A teoria da atuação teatral na computação, proposta por Laurel, abre caminhos para o desenvolvimento de conteúdos interativos para as mídias audiovisuais que podem ter superfícies de contato mais transparentes entre o homem e as máquinas midiáticas.

2.3.5 MIT Media Lab

O MIT Media Lab foi fundado por Nicholas Negroponte em 1985 como um laboratório de vanguarda no Massachussets

Institute of Technology, "utilizando tecnologias que permitiram a 'revolução digital' e incrementaram a expressão humana" (MIT, 2010)[52] para realizar pesquisas consideradas inovadoras que iam desde cognição e aprendizado, à música eletrônica e holografia. Na década seguinte, o laboratório quebrou diversos paradigmas da computação, ao incorporar "os *bits* digitais aos 'átomos do mundo físico'", com pesquisas como computação incorporada, comunicação "viral", máquinas com "senso comum" e novas formas de expressão artística (MIT, 2010).

Visible Language Workshop

Muriel Cooper é uma personalidade pouco conhecida, embora as pesquisas desenvolvidas por ela no Massachussets Institute of Technology (MIT) tenham influenciado as novas fronteiras no campo de interfaces gráficas. Diretora do Visible Language Workshop (VLW) no Media Lab do MIT, Cooper faleceu em 1994, pouco depois de uma série de entrevistas com Janet Abrams que foi publicada em uma matéria na revista *International Design (ID)*.[53] Nessa matéria, um dos poucos documentos encontrados sobre sua pesquisa, Abrams relata que, logo após Cooper apresentar as pesquisas do VLW na conferência TED5 em Monterey, CA (1994), Bill Gates, da Microsoft, pediu pessoalmente uma cópia da apresentação.

Segundo Abrams (1994), até a realização de sua conferência na TED5, seus colegas subestimaram a importância do trabalho dela. Cooper não só era uma das poucas mulheres em um universo dominado por homens, mas também uma das poucas pessoas que tinham uma linha mais humanista naquela geração do Media Lab do MIT. Assim como Marvin Minsky e Seymour Pappert, que também integravam o MIT Media Lab, Cooper não programava, mas concebia estruturas complexas segundo sua própria lógica. Ron MacNeil, um físico e fotógrafo com quem montou o VLW, comenta a esse respeito: "Como era uma pensadora completamente original, ela se negava a aprender a simbologia de outro, era um anátema para ela" (ABRAMS, 1994).

Com a parceria e o conhecimento de Mac Neil, ambos desenvolveram pesquisas inéditas no VLW, que tiveram um grande impulso com a chegada de computadores Reality Engine da Silicon Graphics; essas máquinas permitiam a manipulação espacial de tipografia *anti-aliased* no computador. Até

52 Tradução minha de: *"technology that enabled the 'digital revolution' and enhanced human expression"*, em: MIT Media Lab – Mission and History, disponível em: <http://www.media.mit.edu/about/mission-history>. Acesso em: 21/12/2010.

53 Janet Abrams, "Muriel Cooper's Visible Wisdom", *ID Magazine*, September-October, 1994.

então, as máquinas não tinham a capacidade de gerar uma saída visual que preservasse a integridade das formas tipográficas ao serem manipuladas em um espaço tridimensional. Muriel Cooper fazia questão de sempre ter em seu time alguém com experiência em animação, pois, além de seu rigor tipográfico e suas experiências em visualização espacial, a compreensão das possibilidades oferecidas pela animação era para ela crucial para o futuro do texto na computação.

A pesquisa das interfaces espaciais de Muriel Cooper foi utilizada como referência para as interfaces utilizadas pelo ator Tom Cruise no filme de ficção científica *Minority Report*, no qual existe um sistema de navegação no tempo e no espaço que se dá mediante a manipulação de dados utilizando gestos.

Cooper, em sua entrevista, declara para Abrams:

> A mídia eletrônica é maleável, a mídia impressa é rígida... Acho que não tenho certeza se o meio impresso é verdadeiramente linear: é algo como um meio simultâneo. O que os designers sabem é como controlar a atenção da percepção, como apresentar informação de uma forma que ajuda a encontrar aquilo de que você precisa, ou que eles pensam que você precisa. Informação só é útil quando ela pode ser compreendida. (COOPER apud ABRAMS, 1994)[54]

Abrams elabora sobre isso:

> A prática do design gráfico, durante séculos, tem se concentrado na organização de informação no território estático. Como demonstra a história do design gráfico, já é difícil o domínio de duas dimensões. Agora designers deparam com informações que estão além de seu controle imediato e final. Isto é, eles devem encontrar formas de criar hierarquias inteligíveis para administrar um material do qual não se pode mais ter a expectativa de que irá ficar parado, fixo em um local – e, portanto, de alguma forma, seu significado passa a ser mutável, dependendo de onde é posicionado em uma superfície (ABRAMS, 1994).

Essa é uma questão fundamental que já era confrontada por designers pioneiros nos meios eletrônicos, como no caso da televisão, cujo controle final de produção passava por diretores, técnicos e toda a cadeia de produção, e todos tinham a possibilidade de manipular a saída visual, e hoje se radicalizou

54 Tradução do autor de *"Electronic is malleable. Print is rigid,"* she told me, then backtracked in characteristic fashion. *"I guess I'm never sure that print is truly linear: it's more a simultaneous medium. Designers know a lot about how to control perception, how to present information in some way that helps you find what you need, or what it is they think you need. Information is only useful when it can be understood."*

com o design de páginas para a Web, em que até o usuário final pode alterar a forma de visualização da informação gráfica em sua tela.

John Maeda – design by numbers

John Maeda hoje é diretor da Rhode Island School of Design (RISD), uma das escolas mais importantes de Design dos EUA. Foi professor do MIT durante doze anos na área de Artes Midiáticas e Ciências. No MIT, foi diretor associado de pesquisa do MIT Media Lab, onde seu trabalho foi pioneiro em incorporar a sensibilidade dos artistas gráficos na programação e computação gráfica.

Maeda acredita que o software é demasiadamente caro e complexo hoje em dia, e propõe que os designers aprendam a escrever seus próprios programas. Em seu livro *Design by Numbers* (1999), ele ensina como designers podem utilizar a programação para criar imagens gráficas sem depender de softwares escritos por outros, de modo que o designer possa expressar-se de uma forma mais direta sem a interferência do software e dos métodos dos autores dos softwares. Maeda, em *The Laws of Simplicity* (2006), estabelece dez princípios com o objetivo de simplificar a disciplina do Design:

As dez leis de simplicidade:
1. *Reduza* – Redução consciente (planejada).
2. *Organize* – A organização faz com que um sistema composto de muitos elementos aparente ter menos.
3. *Tempo* – Economizar tempo dá a sensação de simplicidade.
4. *Aprenda* – O conhecimento torna tudo mais fácil.
5. *Diferenças* – Complexidade e simplicidade são mutuamente dependentes.
6. *Contexto* – O que habita a periferia da simplicidade não é periférico.
7. *Emoção* – Mais emoções é melhor do que menos emoções.
8. *Confiança* – "Na simplicidade nós confiamos" (um trocadilho com os dizeres nas notas de dólar "In God we trust").
9. *Fracasso* – Algumas coisas nunca podem ser simplificadas.
10. *A simplicidade é* – Subtrair o óbvio, e adicionar o que tem significado.
    (MAEDA, 2006: ix)[56]

55 Tradução do autor de "Ten Laws of Simplicity", de John Maeda (2006): "*Law 1:* **Reduce** – *The Simplest way to achieve simplicity is through thoughtful reduction*
Law 2: **Organize** – *Organization makes a system of many appear fewer*
Law 3: **Time** – *Savings in time feel like simplicity*
Law 4: **Learn** – *Knowledge makes everything simpler*
Law 5: **Differences** – *Simplicity and complexity need each other*
Law 6: **Context** – *What lies in the periphery of simplicity is definitely not peripheral*
Law 7: **Emotion** – *More emotions are better than less*
Law 8: **Trust** – *In simplicity we trust*
Law 9: **Failure** – *Some things can never be made simple*
Law 10: **The One** – *Simplicity is about subtracting the obvious, and adding the meaningful.*"

Em *The Laws of Simplicity* (2006), Maeda descreve o projeto do iPod, no qual os designers da Apple foram eliminando componentes, resultando em uma interface com pouquíssimos botões; no caso, ele se refere ao projeto original do iPod, que consistia em um disco sensível ao toque e um único botão central. Com exceção de uma trava do aparelho, todos os comandos do iPod são realizados utilizando um disco e o botão. Para Maeda, esse projeto sintetiza as leis da simplicidade.

2.3.6 Bill Moggridge – IDEO

Bill Moggridge é fundador da IDEO, uma das empresas de design mais bem-sucedidas no mundo e uma das primeiras a integrar o design de software e hardware na prática do desenho industrial. É o autor e editor do livro *Designing Interactions* (2007), ao qual me referi diversas vezes neste capítulo; a obra reúne artigos de sua autoria e entrevistas com alguns dos mais importantes designers atuantes no campo do Design da Interação. Moggridge atualmente leciona no Programa de Design da Universidade de Stanford, nos EUA.

Na introdução do livro, conta duas histórias pessoais de como passou a se interessar por Design de Interação. Uma delas relata as dificuldades que teve em operar o primeiro relógio digital com o qual teve contato: para acertar as horas no relógio, era necessário pressionar os botões em sequências que não faziam o menor sentido, sendo extremamente difícil e frustrante realizar uma tarefa bastante simples, como era no caso do relógio de pulso analógico.

A segunda história é sobre o design de um dos primeiros laptops na sua empresa, a IDEO; quando finalmente o produto estava pronto, sentia-se bastante orgulhoso com o resultado e, ao experimentar o produto, começou a utilizar o software (que não foi projetado pela IDEO), ficando totalmente imerso no programa. Percebeu então que o design de computadores e dispositivos digitais envolve necessariamente o Design da Interface do Software e da interação com a máquina, pois só assim se poderia projetar a experiência total do produto.

2.4 Novas Tendências em Design de Interfaces

Nos últimos anos, novas formas de interfaces têm se popularizado. As razões para isso são: (i) os avanços tecnológicos na indústria da computação, com o desenvolvimento de processadores mais rápidos e mais baratos e a disseminação de dispositivos móveis inteligentes; (ii) pesquisas no design de interfaces utilizando superfícies tangíveis ou gestos; interfaces ditas naturais que têm encontrado aplicações no mercado em aparelhos celulares, videogames e tablets, como as telas "multi--touch" e o "two finger pinch zoom".

As Interfaces Naturais do Usuário: *Natural User Interfaces* (NUI) e Interfaces Tangíveis do Usuário: *Tangible User Interfaces* (TUI), introduzidas recentemente, prometem possibilitar uma interação mais intuitiva entre homem e computadores do que as Interfaces Gráficas do Usuário – *Graphical User Interfaces* (GUI), que se tornaram comuns nos dispositivos digitais.

2.4.1 Interfaces Naturais do Usuário

As interfaces gráficas baseadas no modelo WIMP, desenvolvidas pelo laboratório Xerox Parc em Palo Alto, na Califórnia, sempre incorporaram a manipulação direta da informação de alguma forma (JORDÀ et al., 2010); a ideia por trás da manipulação direta é que o usuário possa manipular objetos de forma que faça uma associação com o mundo real, mas o mouse e o controle remoto limitavam de certo modo essa interação.

As interfaces WIMP popularizaram-se com o sistema operacional da Apple Macintosh, lançado em 1984, e, posteriormente, com o Windows; embora tenham passado por diversas atualizações, essencialmente pouco mudaram desde então. No entanto, pesquisas e experimentos de videoartistas durante os anos de 1980 e 1990 abriram caminho para as interfaces ditas *naturais*.

Myron Kruger

Myron Kruger é um videoartista pioneiro em arte interativa e realidade virtual, e seu trabalho pode ser considerado predecessor das interfaces naturais que vemos emergindo recentemente. Em um texto na exposição "Touchware", realizada na Siggraph em 1998, Kruger diz que desde 1969 ele tem como objetivo fazer com que a interatividade se transforme em uma forma de arte em oposição a fazer arte, que é interativa. Insatisfeito com a limitação da interação homem-máquina a um homem sentado à frente de um computador tocando em uma máquina com os dedos ou movendo um "stylus" sobre um "tablet", ele passa a pesquisar formas mais interessantes de o homem relacionar-se com as máquinas, e o resultado dessa pesquisa é a criação de um ambiente virtual que responde às ações do participante e oferece uma resposta audiovisual.

Esses conceitos foram colocados em prática no projeto "Videoplace", apresentado originalmente no Milwaukee Art Museum em 1975 e, posteriormente, aperfeiçoado e apresentado em diversas edições da Siggraph. "Videoplace" é uma evolução dos projetos GLOWFLOW, META PLAY e PSYCHICSPACE e tem como proposta sugerir uma nova mídia artística que permita a interação em tempo real utilizando sensores, telas e sistemas de controle; esses ambientes não são limitados à expressão estética, mas podem ter aplicações em diversos campos com uma nova forma de comunicação em que duas pessoas podem encontrar-se visualmente de uma forma muito mais rica do que em um videofone (KRUGER, 1998).

Interfaces por gestos

As interfaces que utilizam gestos ou "naturais", no entanto, apresentam diversos problemas, como apontam Nielsen e Norman (2010) no artigo "Gestural Interfaces: A Step Backward in Usability", publicado na revista *Interactions,* da ACM. Nele, os autores criticam as interfaces de uma série de dispositivos; entre eles, as do iPhone da Apple e smartphones utilizando o sistema operacional Android, afirmando que elas esquecem por completo regras já estabelecidas de usabilidade, o que deixa os usuários muito confusos, pois, por mais que essas interfaces naturais sejam intuitivas, vários aspectos são baseados em abstrações ou convenções que devem ser preestabelecidas e aprendidas, mas que acabam sendo reinventadas por cada fabricante ou desenvolvedor (NORMAN; NIELSEN, 2010).

Segundo Norman e Nielsen, há princípios fundamentais do design para interação que são completamente independentes da tecnologia; são eles:

- *Visibilidade* (ou percepção de significantes)
- *Feedback*
- *Consistência*

- *Operações não destrutivas* (undo)
- *Descobrimento* – todas as operações podem ser descobertas pela exploração sistemática dos menus
- *Escalabilidade* – a operação deve funcionar em diversos tamanhos de telas, das pequenas as grandes.
- *Confiabilidade* – as operações devem funcionar: ponto final. (NORMAN;NIELSEN, 2010: 47)

Esses princípios estão gradualmente desaparecendo do arsenal de ferramentas dos designers de interfaces e sendo substituídos pelo que Norman e Nielsen consideram "guidelines estranhos" da Apple, do Google e da Microsoft.

Embora essa crítica seja bastante relevante, a realidade é que nos últimos anos as interfaces dos computadores têm se transformado em diversos aspectos. Em um artigo de autoria de Johnny Chung Lee intitulado "In Search of Natural Gesture", publicado na revista *XRDS* (Summer 2010), da ACM, Lee (2010) afirma que o hardware dedicado à interface do computador com os homens tem determinado a forma de diversos dispositivos computacionais da atualidade (CHUNG, 2010).

Em outras palavras, conforme o tamanho do processador diminui, a interface acaba dominando a forma do dispositivo, como no caso de um laptop reduzido a tela e um teclado, e, mais recentemente, os smartphones com tela touch screen, ou tablets como o iPad ou Kindle, que têm forma determinada pelo tamanho da tela, a qual serve tanto como monitor como meio de entrada de dados.

Johnny Lee Chung, pesquisador do Microsoft Applied Sciences Group, tornou-se bastante conhecido pelos seus vídeos no YouTube Wii Hack (2008), nos quais mostra aplicações alternativas para o controle remoto do videogame Wii da Nintendo. Nesses vídeos, ele demonstra como é possível transformar um controle remoto que custa aproximadamente US\$ 40 em um caneta virtual que permite escrever em um quadro branco (white board) e como transformar o controle em um mecanismo de "head tracking", permitindo acompanhar o movimento da cabeça de um usuário que navega em um "display" de Realidade Virtual.

No artigo em que fala das interfaces ditas naturais, Chung as denomina "Natural Gesture User Interfaces" (NUI), que seriam uma evolução das GUIs, não se limitando apenas à representação e manipulação de objetos em uma tela por meio de metáforas gráficas. Segundo Chung (2010), as NUI são altamente intuitivas e tornam-se efetivamente invisíveis para o usuário ao realizar uma tarefa; essas interfaces ditas naturais podem ser uma solução ao problema levantado por Dan Norman (2000) quando afirma: "O verdadeiro problema de uma interface é que ela é uma interface. Não quero focar minhas energias na interface. Quero focá-las no meu trabalho"[56] (NORMAN, 2000: 219).

Diante desse problema da interferência da interface na comunicação do homem com o computador, Chung faz uma correlação com a comunicação humana ao propor que, para a interação de um homem com um sistema interativo ter a mesma fluidez que a comunicação humana, esse sistema deve compreender nossos gestos.

> Gesto e velocidade caminham juntos na comunicação humano-humano e será apropriado ter isto em mente no design de qualquer sistema interativo pretendendo prover um nível similar de fluidez[57] (CHUNG, 2010).

Chung afirma: "O suprimento de informação nos últimos anos tem ultrapassado a habilidade de muitas pessoas absorverem-na". Isso acaba ocasionando uma demanda de performance e consequentemente uma redução de custo, tornando economicamente viável produzir computadores dedicados a funções específicas em vez de computadores mais potentes com diversas funções; por exemplo, um dispositivo digital projetado especificamente para exibir filmes ou um outro que serve para tocar música. Essa é uma posição bastante interessante, pois vai na contramão da tendência de se concentrarem diversas funções em um único aparelho, como no caso de smartphones; isso tem uma consequência para as interfaces, pois elas podem ter um fim específico.

Gestos podem ser definidos como o movimento físico das mãos, braços, face e corpo com a intenção de transmitir informação e significado, e podem ser percebidos como uma forma natural de interação e transmitir informação, mas gestos também podem ser percebidos como imprecisos e não autorreveladores e mesmo pouco ergonômicos (VATAVU et al., 2005). Gestos articulados sozinhos no espaço são pouco naturais e o reconhecimento destes enfrenta dificuldades similares às encontradas nos sistemas de reconhecimento de voz (CHUNG,

[56] Tradução do autor do original em inglês: *"The real problem with the interface is that it is an interface. Interfaces get in the way. I don't want to focus my energies on an interface. I want to focus on the job."* (NORMAN, 2000: 219).

[57] Tradução do autor do original em inglês: *"Gesture and speed go hand in hand in daily human-to-human communication and it will be appropriate for any interactive system that attempts to provide a similar level of fluidity to be designed with that in mind."* (CHUNG, 2010).

2010). Segundo Chung, Jean Luc Nespoulos propõe três classes de gestos comunicativos de uso comum (NESPOULOS 1986 in CHUNG, 2010):

> *Miméticos* – São os mais comuns, sendo utilizados usualmente em uma cultura (VATAVU et al., 2005), e descrevem a forma e o comportamento de um objeto (CHUNG, 2010).

> *Dêiticos* – Ocorrem dentro de um contexto, por exemplo no caso de uma explicação ao apontar para o objeto da conversa ou apontar em uma direção. Estes incluem os *gestos específicos* que apontam a um objeto em particular, *gestos genéricos* que apontam a uma classe de objetos e *gestos de indicação de funções* que apontam a um objeto simultaneamente indicando uma ação.

> *Arbitrários* – Sinais que aprendemos em uma cultura, como os do juiz de futebol ou do guarda de trânsito, são gestos pouco comuns que devemos aprender.

Gestos podem ser muito úteis para selecionar e apontar para objetos, mas além das questões de imprecisão e de interpretação dos gestos, um outro problema que encontramos ao utilizá-los para interagir com espaços virtuais é a questão de repertório de gestos: quais são apropriados para um fim específico, quais são realmente naturais e fazem parte de uma cultura e quais vale a pena aprender.

2.4.2 Superfícies Interativas e Tangíveis

Hiroshi Ishii, pesquisador do MIT Media Lab, cunhou o termo TUI – "Tangible User Interfaces" (Interfaces Tangíveis do Usuário) em 1997. Sua proposta era de integrar a computação com objetos físicos de modo a "aumentar" o mundo físico real, permitindo que o usuário pudesse literalmente manipular dados com as mãos (JORDÁ et al., 2010).

Outro importante pesquisador atuando no campo é Bill Buxton, hoje conhecido por suas propostas de prototipagem de programas de computadores utilizando papel e lápis. Em 1984, começa a pesquisar comandos multi-touch e bimanual, desenvolvendo protótipos, junto com os estudantes de doutorado Fitzmaurice e Ishii; em 1995, apresentam o Active Desk, uma superfície de trabalho que combina uma câmera, sensor e um projetor, criando um ambiente de trabalho digital multiusuário.

O Reactables é um outro projeto de interface colaborativa que permite que diversos usuários manipulem objetos em uma mesa e que, de acordo com a forma, posição e movimento destes, controlem as frequências de sons. Utilizado em performances musicais, inclusive pela artista Bjork em sua turnê de 2007-8, o Reactables foi desenvolvido pelo Grupo de Tecnologia Musical na Universidade Pompeu Fabra, em Barcelona, no ano de 2003.

Esses projetos de pesquisa têm aberto novos horizontes para a indústria em produtos como Apple Iphone e Microsoft Surface, que trazem para o mercado essas novas formas de interação. No vídeo *iPhone User Interface Design*,[58] podemos acompanhar o desenvolvimento de alguns aplicativos que integram o sistema operacional do iPhone. Interessante notar que, logo no início do vídeo apresentado por funcionários da

[58] *iPhone User Interface Design* em iPhone Development Essential Videos. Disponível em: <http://developer.apple.com/library/ios/#documentation/userexperience/conceptual/mobilehig/Introduction/Introduction.html>. Acesso em: 21/12/2010.

Figura 2.7 – Reactable.
Imagem: Daniel Williams, Licença Creative Commons 3.0.

Apple, eles afirmam que o processo de desenvolvimento de um aplicativo para o iPhone requer a dedicação de no mínimo 60% do tempo do projeto ao design da interface *versus* 5%, que é o usual na indústria de software. Em outra parte desse vídeo, mostram como os aplicativos de sucesso para o iPhone são resolvidos inteiramente no papel, utilizando lápis e templates de papelão, e só depois dessas "interações" com papel é que a interface passa a ser detalhada em um programa gráfico no computador.

2.4.3 Interfaces Corporais

Desney Tan, Dan Morris e Scott Saponas têm desenvolvido pesquisas em interfaces que integram o computador com músculos, de modo que não seja necessária a manipulação de "transducers" físicos (TAN et al., 2010). Um exemplo prático é a proposta de um celular em que a interface é projetada na palma da mão utilizando um microprojetor, e o movimento dos dedos

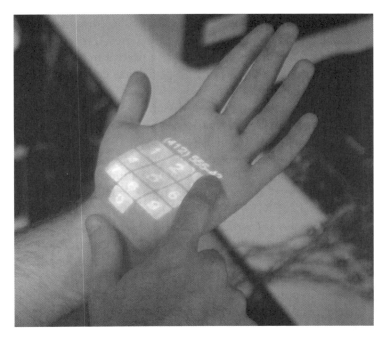

Figura 2.8 – Interface de um celular projetada na palma da mão.
Fonte: Chris Harrison, Carnegie Mellon University.

é captado por uma pulseira no braço que recebe os impulsos elétricos das fibras musculares em sensor eletromiográfico EMG; esse tipo de dispositivo permite que diversas superfícies sejam utilizadas como "display", e o controle é realizado sem a necessidade de um dispositivo de comando específico.

A fronteira extrema do desenvolvimento de interfaces é a das interfaces cérebro-computador (Brain-Computer Interfaces – BCI), que podem ser tão radicais como a vivida pelos personagens de *Neuromancer* (GIBSON, 1983), que implantam microprocessadores no cérebro possibilitando interagir, como espaços virtuais, a sistemas que utilizam sensores de eletroencefalogramas para captar impulsos elétricos cerebrais, permitindo realizar tarefas virtuais sem a manipulação física no mundo real (PECK et al., 2010).

2.4.4 Design da Experiência do Usuário

O Design de IHC – Interação Humano-Computador é uma prática multidisciplinar em que atuam diversos profissionais. Até o início dos anos de 1990, o foco do IHC eram usuários individuais; com o crescimento das atividades computacionais conduzidas em rede por múltiplos indivíduos, o foco deixa de ser centrado no indivíduo, tornando a prática mais complexa e demandando a cooperação de especialistas em diversas disciplinas (PREECE, 2002).

Nos últimos anos, tem se disseminado a utilização do termo "Experiência do Usuário" (UX), em referência a uma gama de aspectos perceptuais e práticos realizados na utilização de produtos e serviços digitais. O termo foi popularizado por Don Norman em 1993 ao adotar o título de "User Experience Architect" no período em que trabalhou na Apple Computer (KNEMEYER;SVOBODA, 2007). Jesse Garrett, em *The Elements of User Experience* (Os Elementos da Experiência do Usuário), define a "experiência do usuário" como a forma "como um produto se comporta e como é utilizado no mundo real" (apud BARROS, 2009).

Com a popularização do conceito da Experiência do Usuário, consolida-se a visão de que o design de produtos e serviços digitais é uma prática multidisciplinar que integra a contribuição de diversas especialidades, como: Design de Interação, Design Gráfico, Design de Interface Gráficas, Desenho

Figura 2.9 – Interface do usuário e suas intersecções com áreas afins.
Fonte: www.montparnas.com.

Industrial, Usabilidade, Arquitetura da Informação, Design da Experiência.

A articulação dessas disciplinas no projeto de um produto contextualiza os parâmetros tecnológicos, aspectos mercadológicos, as necessidades funcionais e expectativas do usuário, possibilitando uma visão holística em seu desenvolvimento. A formalização da funcionalidade de um produto passa a incorporar aspectos subjetivos como os emocionais e lúdicos, tradicionalmente excluídos do processo projetual, e que muitas vezes podem definir o seu sucesso ou fracasso do ponto de vista do usuário.

2.5 Design de Interfaces para TV Digital Interativa

2.5.1 Áreas de interesse no Design de Interfaces para TVDI

Diversas pesquisas em interfaces para Televisão Digital Interativa – TVDI que apresento neste capítulo se fixam em um design determinado pelas especificações dos sistemas de TV Digital. Como veremos com mais detalhes no Capítulo 3, na convergência digital, um novo paradigma se estabelece na TV Digital, trazendo para o designer atuante nesta nova mídia o desafio de incorporar diversas competências em seu trabalho. Três áreas do design já estabelecidas são especialmente relevantes como base para o Design de Interfaces para TV Digital. Essas áreas de interesse específico são:

- *Design de Interfaces Analógicas.* Design de interfaces aplicadas ao design de produto (desenho industrial) de equipamentos de escritório e de produção e recepção audiovisual: telefone, telégrafo, rádio, calculadoras, videogames etc. Esses produtos estão sendo incorporados ao repertório visual e funcional da TV Digital, visto que, com a convergência dos meios, passa a ser possível realizar diversas dessas funções na TV, e muitos desses aparelhos servem como base para o desenvolvimento de interfaces na computação.
- *Design de Interfaces Digitais.* São as interfaces aplicadas à computação: é a principal área de conhecimento a ser pesquisada, tanto os seus aspectos históricos, como os princípios estabelecidos na prática atual. Os principais expoentes da área também merecem especial atenção, assim como pesquisas inovadoras e novas tecnologias que têm sido introduzidas. A área de videogames, tradicionalmente pouco estudada tanto em IHC como no campo do audiovisual, tem aberto novas possibilidades e tem se tornado presente no cotidiano das gerações mais novas.
- *Design Televisual* ou *Design em Movimento.* Designers atuando na TV têm dominado as ferramentas de representação gráfica e animação nas emissoras de televisão. O campo resultante do encontro do design gráfico com animação tem seus pioneiros no cinema. Com a explosão da TV a cabo e a necessidade de identificação das emissoras, tem crescido em um mercado cada vez mais competitivo, e é responsável em grande parte por criar o imaginário e o ambiente da TV. Hoje, esta área de atuação também é conhecida como *motion graphics* e não se limita mais ao meio televisivo, tendo encontrado aplicações em painéis eletrônicos instalados em aeroportos, lojas, cinemas e sistemas de transporte público.
- *Design da Experiência.* Designers têm atuado no campo do design das mídias digitais em diversas capacidades: design de produto, interfaces gráficas, motion graphics,

interação. Inicialmente, essas competências foram bem delimitadas; a crescente complexidade dos sistemas e de produtos digitais resultante da pervasividade computacional e ubiquidade de dispositivos digitais tem ofuscado os limites dessas especialidades (PINHEIRO, 2007). Richard Grefé (2000) introduziu a disciplina de "experience design" como um novo campo de Design na AIGA (American Institute of Graphic Arts) que emerge das necessidades de comunicação da economia de rede (VARNELIS). Segundo Grefé, o esquema do designer Clement Mok, no qual se mapeiam as profissões envolvidas nas mídias analógicas e digitais aplicadas ao design visual e ao design do produto, revela os desafios de definir uma "profissão" que atenda aos requisitos desta nova economia (GREFÉ, 2000).

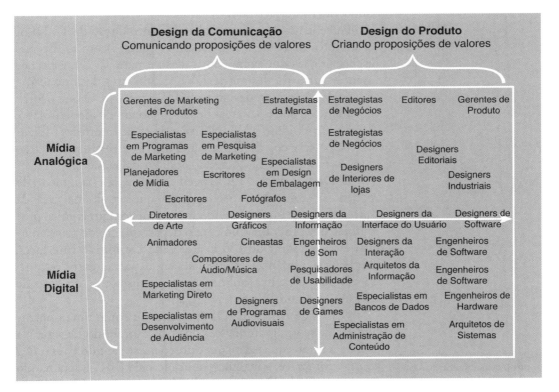

Figura 2.10 – As profissões do design da experiência.
Fonte: *Gain AIGA Journal for the Network Economy*, vol. 1, n. 1, 2000.

2.5.2 Design para TVDI – disciplinas convergentes

Assim como ocorreu em outras áreas quando da introdução de novas tecnologias, em um primeiro momento, as necessidades estritamente funcionais e da engenharia de um novo invento se sobrepõem às necessidades humanas. No caso da TV Digital, algumas áreas específicas já haviam sido estabelecidas, como o Design Industrial, envolvendo o projeto dos aparelhos de TV, dos controles remotos; a seguir, se introduziu o campo do design para a TV, responsável pela identidade das emissoras de TV tanto na tela como na mídia impressa, e, mais recentemente, o campo de design de interfaces que as emissoras de TV passaram a incorporar em seus departamentos de arte ao projetarem sites.

Os estúdios de cinema e produtoras de programas de TV também entram em contato como esse campo do Design ao criar DVDs de seus produtos, os quais necessitam de, no mínimo, uma interface de navegação.

Percebemos que no momento da introdução da TVDI os produtores de conteúdo já estão em contato com as diversas especialidades que compõem o design para TVDI, especialmente a área de design de DVDs, cujo tipo de interação é muito próximo à do design para TV interativa. O que ocorre, no entanto, é que essas áreas de design atuam de modo isolado: Design do Produto TV, inclusive a parte de interfaces utilizadas pelos serviços de TV a cabo, não tem nenhuma relação com os produtores de conteúdo audiovisual e as emissoras.

O Design para a TV, especificamente, já é fragmentado por si só; ainda hoje os designers que atuam na área de "promo", ou chamadas, nem sempre têm contato com os produtores dos programas ou com o departamento de programação das emissoras de TV. E a área de Design de Interfaces, ainda na sua infância, está isolada em departamentos responsáveis pela presença online de uma emissora e, no caso de DVDs, é comum serem terceirizados.

O Design para a TVDI apresenta-se como uma oportunidade de se integrarem esses diversos campos do Design. Na BBC, já vemos que existe um esforço nesse sentido com o *Red Button Initiative*, o manual publicado pela BBC[59] detalhando as diretrizes de Design para ITV da emissora. Ele começa estabelecendo critérios de design que se referem à identidade da emissora, depois aborda as especificidades do design para a

59 BBC Enhanced TV Formats January 2004 © British Broadcasting Corporation 2004, de Catrin Rees. Disponível em: <http://www.bbc.co.uk/commissioning/tv/network/pdf/formats _jan_ 2004.pdf>.

Design de Interfaces e Convergência Digital

tela de uma TV e, por fim, trata do design para interatividade no que se refere à tela e ao controle remoto. Um dos motivos de a BBC estabelecer essa iniciativa é o fato de que muitos programas de TV são feitos por produtoras independentes, e, no caso, a BBC não só está preocupada que esses programas mantenham a identidade visual do canal, mas também que garantam a compatibilidade e usabilidade desses programas interativos com os sistemas de TV Digital pelos quais serão distribuídos.

Nos EUA, essa tarefa torna-se ainda mais complexa, pois não há um padrão de design para programas de TV Digital interativa, mas diversas plataformas como a Open TV e Liberate. O desafio torna-se ainda maior ao se considerar a questão da distribuição internacional de programas de TV Interativa. Ao contrário da Web, em que se estabeleceu a linguagem HTML como padrão mundial, no caso da TV não há um padrão compatível internacionalmente para a interatividade. Uma das possibilidades é o desenvolvimento de aplicativos em uma plataforma como Flash, que roda no middleware utilizado em vários sistemas de TV Digital.[60]

Os aplicativos interativos da TV Digital são acessados por meio de uma interface gráfica e de um controle remoto. Ao se adicionarem novas funções aos controles remotos, que foram concebidos originalmente com o objetivo de mudar de canal e ajustar o volume, estes tornaram-se dispositivos bastante complexos. A navegação da TV com controle remoto, por muitas vezes, se torna difícil, pois o usuário não tem uma relação de posição direta com os objetos na tela como é possível na manipulação direta com a qual nos acostumamos ao utilizarmos um mouse.

A maioria dos controles remotos atuais permite somente um tipo de navegação bastante limitada, similar à dos menus de DVDs. Nesse tipo de navegação, o cursor somente transita de um campo para outro, o que acaba definindo um tipo de navegação bastante "hierárquico", limitando as possibilidades de interação.

O que vemos de modo geral é similar ao que ocorria com os computadores quando as interfaces gráficas ainda estavam na sua infância. Por exemplo o Lynx, um dos primeiros browsers de websites, só permitia a navegação tabulada; com a introdução de browsers gráficos como o Netscape, tornou-se muito mais fácil a navegação em websites, que ficaram mais

60 Macromedia® Flash for iTV CDK, By Tonya Grochoske, SpinTV, March 2002. Disponível em: <http://www.macromedia.com/ support/general/ts/documents/ feedback.htm>. Acesso em 2004

ricos em mídia, passando a incorporar imagens, fotos, sons e, mais recentemente, vídeos, fato que foi determinante para a popularização da web Os computadores pessoais e games incorporaram diversos avanços nas interfaces gráficas, introduzindo novas formas de navegação. No entanto, essas inovações ainda não foram agregadas aos aplicativos de TV expandida encontrados em alguns sistemas de TV Digital.

A literatura específica sobre design para TVDI é bastante limitada; encontram-se apenas algumas dissertações sobre o assunto, a maioria se concentrando no aspecto da usabilidade, como a dos brasileiros Thais Waisman (2006), Gil Barros (2006), Lauro Teixeira (2008), Christian Brackman (2010) e do português Valter de Mattos (2005). Chorianopoulos (2006) apresenta uma perspectiva do comportamento do usuário a partir do ponto de vista dos estudos da comunicação. Sobre design de interfaces gráficas para TV Digital, temos a dissertação de mestrado da norte-americana Karyn Lu (2005), da brasileira Andréa Brazil (2007), e a dissertação de Rosana Vaz (2008) sobre o design televisual inclui um capítulo sobre design para TVDI. Um autor que não trata especificamente do design para TVDI, e sim de design para a convergência das mídias de modo geral, é Steve Curran (2003).

2.5.3 Interfaces gráficas na TV Digital

O desenvolvimento de novos serviços interativos e aplicativos para a TV Digital pressupõe a utilização de interfaces predominantemente gráficas, especialmente interfaces que utilizam textos. A navegação, por meio de interfaces gráficas na TV, encontra condições diferentes daquelas em um computador pessoal:

- O telespectador assiste à TV de uma distância maior do que aquela entre o usuário e o microcomputador;
- Assistir à TV é muitas vezes uma experiência coletiva, enquanto o computador é utilizado primariamente de forma individual;
- A escolha de opções de menu, ou o input (entrada de dados), pelo usuário é realizada por meio de um controle remoto ou teclado sem fio.

É importante ressaltar que a imagem dos tubos dos televisores analógicos é baixa (525 linhas horizontais), um fator que limita a legibilidade de textos na tela; essa limitação deve ser levada em consideração especialmente ao se desenvolverem aplicativos para TV Digital que utilizam texto extensivamente, pois esses aplicativos serão utilizados no início por pessoas que ainda não possuem um aparelho de TV Digital, mas que irão acessar o serviço digital mediante uma caixa conversora acoplada a um monitor de TV analógico.

Design para a Convergência

Steve Curran (2003), no seu livro *Convergence Design*, apresenta alguns dos mais importantes exemplos de design de interfaces e conteúdo para TV interativa, dispositivos móveis e banda larga desenvolvidos pelos principais estúdios de Design atuantes no campo, como: R/Greenberg, H-Design, Agency.com, Artifact, BBC Interactive, The American Film Institute, entre outros. Curran define o design de mídia interativa como uma língua viva, e considera o design das mídias interativas como obras abertas, em estado de constante mudança, mas que ainda estão na sua infância: "Enquanto as tecnologias da interatividade evoluem em uma velocidade estonteante, a gramática desta linguagem visual evolui muito mais lentamente" (CURRAN, 2003).

Um dos projetos mais interessantes publicados no livro é a interface para a plataforma de TVDI da Sony desenvolvida pela H-Design de Dale Herigstad (hoje Schematic). A proposta era desenvolver uma estrutura de navegação em TVDI que funcionasse no ambiente da TV; a solução foi a navegação em camadas tridimensionais.

Outros exemplos interessantes apresentados em *Convergence* são as interfaces desenvolvidas pela BBC Interactive para o torneio de Tênis de Wimbledon, pelas quais é possível obter *Stats* – informações sobre as partidas, jogadores etc. No livro também encontramos exemplos da BBC, que desenvolveu uma interface para jogos de futebol, e de empresas como a Spiderdance e Artifact, que criam interfaces para TV Digital para serem visualizadas em múltiplas telas, em que parte da interatividade se desenrola em um computador conectado à internet, solução bastante comum nos EUA, em virtude das deficiências da especificação interativa do padrão ATSC.

Dale Herigstad – H-Design

Em março de 2004, Dale Herigstad, um dos principais designers gráficos atuantes no campo de iTV nos EUA, participou com Josh Bernoff, analista da Forrester Research, de um encontro realizado no MIT em Cambridge, Massachussets.[61] Nesse evento, discutiram como a introdução do gravador digital de vídeo (DVR) está alterando a forma de as pessoas assistirem à TV, e como essa nova interface altera a percepção do meio TV e quais os novos modelos de interatividade na TV sendo pesquisados em laboratórios nos EUA.

Dale acredita que a TV é essencialmente uma "coleção de telas ricas em mídia controladas pelo telespectador" e este, quando deparado com uma opção de centenas de canais de TV, precisa de novas ferramentas e interfaces para navegar nesse universo.

Seu trabalho busca manter o aspecto do entretenimento associado à experiência de assistir à TV e procura explorar novas possibilidades de linguagem como a dos *games*. Na interface da versão interativa que desenvolveu para a minissérie *Battlestar Galactica* (2003), utilizou a plataforma do Microsoft X-Box; nesse programa, o telespectador podia participar da sequência de batalha jogando enquanto os eventos se desenrolavam na TV ao fundo. A performance do jogador relacionava-se com os acontecimentos da história. Ao integrar elementos de *games*, Herigstad diz buscar criar ambientes imersivos.

Karyn Y. Lu – Interaction Design Principles for Interactive Television

Embora se concentrando nos aspectos técnicos do design para TVDI, a dissertação de mestrado apresentada por Karyn Lu no Georgia Institute of Technology em 2005 detalha extensivamente e com bastante precisão o estado da arte das interfaces gráficas para TV Digital nos EUA, mas apresenta poucas soluções inovadoras. Uma observação bastante relevante que Lu (2005) faz é a de que, embora a TV esteja presente de forma ubíqua nos EUA, os consumidores norte-americanos estão cada vez mais a utilizando simultaneamente com outras mídias, como o e-mail, telefones celulares e blogs.

Em sua dissertação, Karyn Lu (2005) cita um estudo do Media Center do American Press Institute (SIMM IV, 2004

---

61 Dale Herigstad no MIT Communications Fórum – 11/03/2004 – Bartos Theater, MIT Cambridge. Disponível em: <http://web.mit.edu/comm-forum/forums/interactive_television.html>. Acesso em: 20/11/2009.

apud LU, 2005) que relata que o uso corrente e intenso de mídias simultâneas (*multitasking* em inglês) está definindo os conteúdos emergentes sendo consumidos pelo que denominam geração "C". Nessa geração, a TV aparece como uma forma de mídia comumente pareada com outras opções midiáticas, e o estudo em questão apresenta os cinco maiores comportamentos da geração "C" que envolvem o uso simultâneo de diversas mídias:

- Ler email enquanto se assiste à TV – praticado regularmente por 73,9% dos consumidores.
- Ler o jornal enquanto se assiste à TV – praticado regularmente por 64,5% dos consumidores.
- Assistir à TV enquanto se lê correspondência – praticado regularmente por 62,9% dos consumidores.
- Acessar a internet enquanto se assiste à TV – praticado regularmente por 62.9% dos consumidores.
- Ler uma revista enquanto se assiste à TV – praticado regularmente por 59.2% dos consumidores.

Em outro capítulo de sua dissertação, Lu chama atenção para o fato de que na última década os participantes de uma das mais importantes conferências sobre fatores humanos na computação, a SIGCHI (Computer Human Interaction Special Interest Group),[62] têm demonstrado um crescente interesse no desenvolvimento de interfaces para TV Digital interativa, fato evidenciado pela quantidade de artigos e palestras apresentadas sobre o assunto nessas conferências, como "When TVs are Computers are TVs" (MOUNTFORD et al., 1992, apud LU, 2005), "Interactive Television: A New Challenge for HCI" (TEASLEY; LUND; BENNETT, 1996, apud LU, 2005), "Dual Device User Interface Design: PDAs and Interactive Television" (ROBERTSON ET AL., 1996, apud LU, 2005).

Segundo Lu, na conferência CHI de 1998, Dale Herigstad, diretor de criação da Schematic, Inc., apresentou um workshop intitulado "Designing User Interfaces for Television", em que levantou as seguintes questões relativas ao design de interfaces para TV Interativa:

- Como os monitores de TV diferem dos monitores de alta resolução utilizados por computadores?

62 Grupo de interesse especial em interação homem-máquina da Association for Computing Machinery (ACM) nos EUA. A mais importante associação de pesquisadores em computação e cibernética nos EUA.

- Quais as cores, fontes e formas que devo utilizar no design para iTV?
- Como controles remotos infravermelhos e teclados sem fio diferem dos comandos utilizados em computadores?
- Como projetar para apontar, selecionar, navegar e inserir dados utilizando um controle remoto?
- É possível adaptar uma interface de um programa de computador para a TV?
- As capacidades e percepção dos telespectadores diferem das dos usuários de computadores?
- Como testar a usabilidade da interface gráfica de um computador?"

Essas questões, todas relevantes na prática do designer na TV interativa, têm sido confrontadas no dia a dia da prática desses profissionais e são consideradas na proposta que apresento mais adiante, neste trabalho.

Uma observação importante levantada na tese de Lu é a de que os telespectadores têm se distanciado gradativamente de um modelo "reclinado" ("lean back") de assistir à TV para um modelo mais ativo, ou seja, "inclinado para frente" ("lean forward"). Em comparação, cita um estudo da Statistical Research, Inc. (2001) intitulado "How People Use Interactive Television", que relata que 72% dos consumidores norte-americanos estão interessados em interagir com programas de TV. Em outra passagem, diz que Suzanne Stefanac, da RespondTV, acredita que o maior empecilho para o crescimento da iTV nos EUA é a falta de um padrão claro e consistente de interação.

2.5.4 Controles Remotos

O design de interfaces gráficas para TV Digital tem até recentemente se baseado na utilização de um controle remoto como forma de comando do usuário, permitindo navegar as telas da interface e realizar a seleção de itens de menu. Um dos primeiros controles remotos para a TV foi introduzido pela Zenith em 1956, o Zenith Space Command, inventado por Robert Adler (FARHI, 2007).

O controle remoto inicialmente tinha basicamente duas funções: mudar de canal e ajustar o volume, mas, com o passar dos anos, incorporou diversas funcionalidades que o tornaram

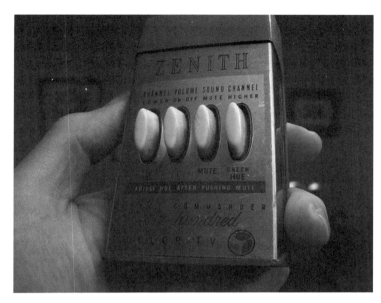

Figura 2.11 – Controle Remoto – Zenith Space Commander.
Fonte: Foto de Jim Rees, licença Creative Commons.

cada vez mais complexo. Com a introdução de novos aparelhos conectados à TV, como videogames, caixas conversoras de TV a cabo, DVDs etc., o telespectador confronta-se com a necessidade de utilizar diversos controles para assistir à TV, o que o leva à frustração diante da inconsistência e complexidade de interoperabilidade dos dispositivos (NORMAN, 2001). Com o intuito de resolver essa questão, diversos fabricantes têm desenvolvido "controles universais" que podem ser programados para controlar diversos aparelhos.

Uma evolução encontrada nos controles remotos universais é a utilização de telas, que minimizam o número de botões necessários para comandar diversos aparelhos e trazem a possibilidade de personalizar as funções através de menus gráficos. As empresas norte-americanas Logitech e Harmony são dois dos principais fabricantes desses dispositivos.

A maioria dos controles remotos utiliza um diodo infravermelho para transmissão dos sinais, o que requer que o aparelho a ser controlado esteja no campo de visão do controle. Novos dispositivos, como o controle remoto da Apple, utilizam uma rede de Wi-Fi para a transmissão de sinais do

Figura 2.12 – Cinco controles remotos utilizados para operar uma TV e periféricos.
Fonte: Foto do Autor.

controle, de modo que se pode controlar um dispositivo sem que este esteja no campo de visão do controle. Empresas de automação residencial têm desenvolvido controles remotos que permitem controlar diversos aparelhos em uma casa de outra localização. Fabricantes de videogames como a Nintendo e a Sony têm introduzido controles que percebem os gestos e respondem ao movimento do usuário.

Nos últimos anos, smartphones e outros dispositivos móveis podem utilizar software que permite carregar códigos de controles remotos que lhes possibilitam controlar aparelhos de TV, DVDs, media centers de PCs, home theaters e outros. Essa funcionalidade se dá pelos menus e pelo teclado do telefone celular ou por uma interface touch-screen desses dispositivos. A seguir, são apresentados exemplos desses novos controles.

2.5.4.1 Controles infravermelho em celulares

Celulares Symbian

NoviiRemote é um software que permite controlar aparelhos como TV, DVD, conversor de TV a cabo de um smartphone que utiliza o sistema operacional Symbian. O programa funciona enviando sinais infravermelhos salvos em arquivos denominados codebases que têm a informação de cada aparelho a ser controlado. NoviiRemote não é um programa que aprende os códigos de cada aparelho, portanto, é necessário que o usuário carregue o código específico de cada aparelho (www.novii.tv, 2009). Como existem diversos celulares que utilizam o sistema operacional symbian que possuem um emissor de sinais infravermelhos, é possível instalar o programa e utilizá-lo como controle remoto.

A desvantagem é que esses celulares dependem da navegação pelas teclas do cursor para acessar os diversos itens de menus. Celulares Android e iPhones, lançados recentemente com tela touch-screen, podem emular as teclas de um controle remoto permitindo que o usuário tecle diretamente nos botões; no entanto, esses celulares não possuem um emissor de infravermelho, portanto, não podem controlar a maioria dos aparelhos de TV, a não ser que sejam equipados com um acessório para tal fim.

Apps para iPhone e Android

Iphones e, consequentemente, o iPod touch e iPad podem ser utilizados como um controle remoto universal desde que sejam equipados com um acessório infravermelho e um aplicativo que permita essa funcionalidade. Diversos desenvolvedores oferecem tais produtos, veremos exemplos de alguns produtos disponíveis no mercado no momento.

A L5, empresa de Fort Lauderdale, Flórida, desenvolveu um acessório infravermelho e um aplicativo para iPhones que permitem programar os códigos de diversos controles remotos disponíveis no mercado; pode-se substituir o controle "ensinando" o iPhone mediante o envio de código diretamente do controle para o iPhone.

O sistema de controle remoto RedEye system, desenvolvido pela empresa norte-americana ThinkFlood, Inc. (http://thinkflood.com), transforma o iPhone e o iPod em um controle remoto que permite controlar diversos aparelhos eletrônicos. O RedEye utiliza um software gratuito que, instalado no iPhone, se comunica com um dispositivo RedEye por meio de uma rede sem fio doméstica; esse dispositivo, por sua vez, controla os aparelhos enviando sinais infravermelhos diretamente. O RedEye mini permite controlar a TV diretamente do controle remoto por um acessório infravermelho conectado ao plug de áudio do iPhone ou iPod. Recentemente, foi

Figura 2.13 – Controle Remoto RedEye: Interface para celulares Android, RedEye Mini (acessório infravermelho) e guia de programação para o iPhone.
Fonte: Imagens cortesia ThinkFood Inc.

lançada uma versão do aplicativo para smartphones que utilizam o sistema operacional Android.

Assim como o iPhone, os celulares com o sistema operacional Android atualmente disponíveis no mercado não possuem um emissor de sinais infravermelhos, de modo que não é possível utilizá-los como controle remoto universal para mudar os canais de uma TV. Existem diversos aplicativos para o Android que permitem utilizá-lo como um controle remoto de dispositivos, como o home theater em um PC, TIVO, Boxee e outros como o STB da operadora de TV a cabo Norte Americana Verizon, que lançou um controle remoto Wi-Fi para a plataforma Android, disponível para os assinantes do FIOS[63] em seu serviço de TV por assinatura em IPTV.

Aplicativos para smartphones, como o Android, podem se transformar em excelentes controles remotos universais, mas para isso é necessário que os fabricantes dos aparelhos coloquem transmissores de sinais infravermelhos nos celulares ou que os fabricantes de set-top boxes sigam o exemplo da TIVO e da Verizon, equipando as caixas com conectividade Wi-Fi (BUSKIRK, 2010).

2.5.4.2 Controles remotos Wi-Fi

Uma outra possibilidade é a utilização de uma rede Wi-Fi para a comunicação de um smartphone ou tablet com um set-top box ou um aparelho de TV digital equipado como um

---

[63] <http://www.wired.com/epicenter/2010/02/verizon-fios-adds-remote-control-by-android-phones-iphone-owners-jealous/#ixzz149Rw82ZJ>.

receptor de Wi-Fi. Essa solução pode ser utilizada no sistema operacional Android ou Apple com soluções proprietárias como a Apple TV e sistemas abertos como TVs conectadas à Internet.

Apple Remote

Apple Remote é um app para o iPhone e iPod Touch que controla a biblioteca do iTunes via Wi-Fi. Além de funcionar de modo similar ao controle que acompanha os computadores da Apple, com uma interface bastante reduzida, navegar em quatro eixos e selecionar itens, o controle também reproduz parte da interface do iTunes para o iPhone, onde é possível visualizar e selecionar itens da biblioteca, como músicas e vídeo diretamente na tela do aparelho portátil. Em novembro de 2010, a Apple lançou uma nova versão do seu controle remoto, compatível também com o iPad e com inovações na interface que incluem controles por gestos.

Verizon FIOS iPhone

A Verizon, que originalmente ofereceu um aplicativo que possibilitava aos assinantes de seu serviço de IPTV Fios TV transformar um celular Android em um controle remoto, expandiu o produto para a plataforma Apple. O aplicativo permite controlar o DVR do STB do serviço e irá possibilitar o streaming de vídeo diretamente para a tela do iPad, funcionalidade que deverá ser expandida para tablets de outros fabricantes como o Samsung Galaxy.[64]

2.5.4.3 Controles por gestos

Novas tecnologias resultantes de pesquisas em design de interfaces, as quais veremos com mais detalhes no Capítulo 3, estão sendo incorporadas em controles remotos introduzidos no mercado de videogames que permitem utilizar gestos e movimento para controlar videogames e outros aparelhos de entretenimento eletrônico. O mais conhecido é o controle remoto do videogame Wii, da Nintendo. Já a Sony introduziu em 2010 o Move Motion Controller para o seu console Playstation e a Microsoft lançou, em novembro de 2010, o controle Kinect para a plataforma XBox. Embora esses controles sejam

64 Verizon's FiOS Remote app expands to iPhone. Disponível em: <http://www.electronista.com/articles/10/10/19/verizon.fios.remote.hits.ios.and.due.for.tablets>. Acesso em 10/2/2011.

projetados primordialmente para videogames, eles são capazes de controlar outras funcionalidades que podem ser visualizadas nas TVs conectadas a esses games, como navegar na internet e assistir a vídeos.

Nintendo Wii

O Wii Remote é o controle remoto do console de games Nintendo Wii.[65] Ele capta os movimentos realizados pelo jogador utilizando três acelerômetros e uma câmera de infravermelho, além de possuir um pequeno alto-falante e produzir vibrações que dão um retorno tátil e sonoro para o usuário, assim como um retorno visual (feedback) que se apresenta na tela.

O Wii Remote é uma inovação não só no controle de videogames, como também abre novas possibilidades na interação com a TV, permitindo navegar a web usando o browser. Opera adaptado para visualização na tela de uma TV convencional. Um exemplo desse tipo de aplicação é o canal Looking Local, que oferece informações como: serviços públicos, empregos, trânsito na Inglaterra.[66] Esses serviços, antes disponíveis em plataformas de DTH como Sky e Virgin, agora estão disponíveis na plataforma Nintendo Wii.

Figura 2.14 – Controle remoto Nintendo Wii.
Fonte: Foto Delta_Avi_Delta. Licença Creative Commons 2.0.

65 <http://www.nintendo.com/wii/console/controllers>.
66 <http://lookinglocal.gov.uk/wiki/display/pub/Looking+Local+is+now+available+on+the+Nintendo+Wii>.

Design de Interfaces e Convergência Digital

Microsoft Natal

A Microsoft introduziu, em novembro de 2010, o Kinect for Xbox 360. Originalmente conhecido como Project Natal, o acessório pretende possibilitar uma experiência de "gaming" e entretenimento que não requer a utilização de um controle remoto.[67] Utilizando um periférico para o console Xbox 360 similar a uma webcam, o Kinect permite aos usuários controlar e interagir mediante uma interface "natural" que utiliza gestos e comandos de voz, sem a necessidade de tocar em um controle remoto.

Sony PS3 Motion Controller

A Sony introduziu um sistema de controle de games para a plataforma PS3 que consiste na câmera PlayStation Eye e o controle sensível a movimentos, o PlayStation Move, permitindo que jogadores participem de videogames como se esti-

67 <http://www.gizmodo.com.br/conteudo/o-que-e-o-kinect-para-xbox-360>.

Figura 2.15 – Visitante da *Maker Faire* em 2011 vestindo uma jaqueta equipada com sensores que permitem controlar sons e vídeos. A visualização à esquerda do usuário é realizada através do Kinect.
Fonte: Foto de Steven Walling. Licença Creative Commons 3.0.

vessem dentro do jogo. Segundo press release da Sony de março de 2010, o controle PlayStation Move possui um giroscópio e um acelerômetro de três eixos, assim como um sensor de campo magnético terrestre e uma esfera colorida cuja localização é detectada pela câmera PlayStation Eye. O sistema permite ao usuário realizar movimentos sutis e rápidos como pintar com um pincel ou jogar tênis, interagir por comandos de botões no controle e ter sua imagem capturada pela câmera, possibilitando uma experiência de realidade virtual.[68]

Hillcrest Research

Um artigo no site *Telephony Online* (WILSON, 2009) apresenta uma proposta de um mouse desenvolvido pela Hillcrest Research que opera em "espaço livre", como o controle do Nintendo Wii (inclusive, há um processo de quebra de patente da Hillcrest contra a Nintendo). Esse "mouse" facilitaria a navegação de aplicativos interativos na TV Digital e talvez aumentasse o interesse por tais facilidades. Em contrapartida, o artigo mostra a opinião do executivo Joe Ambeault, diretor de desenvolvimento de produto da empresa Verizon (operadora de TV a cabo nos EUA), de que as pesquisas realizadas pela empresa junto à sua base de assinantes concluem que a longo prazo há espaço para o invento, mas, por enquanto, ainda é cedo e muita tecnologia pode intimidar os assinantes.

2.5.5 Usabilidade em TV Digital Interativa

Konstantinos Chorianopoulos, professor da Universidade de Atenas, no artigo "User Interface Evaluation of Interactive TV: A Media Studies Perspective" (2006), ressalta a importância dos aspectos afetivos da interface homem-máquina, principalmente em um ambiente ou situação em que o público que espera ser entretido está em uma posição reclinada "lay back", como no caso da TV. Acredita que devemos levar em conta aspectos como engajamento, envolvimento, hedonismo e prazer ao projetar interfaces para TV interativa. Seu artigo tem bastante influência das ideias de Donald Norman, especialmente as do livro *Emotional Design* (NORMAN, 2004).

Segundo Chorianopoulos, a experiência do entretenimento que temos ao assistir à TV interativa revela três tipos de resposta emocional (atitude, atividade e afeto) correspon-

[68] <http://gizmodo.com/5490508/sony-motion-controller-is-called--playstation-move-launches-fall-2010-hands-on>.

dentes aos três níveis do "modelo afetivo" de Norman (2004). O público da TV espera muito mais do que apenas facilidade de uso (como no caso de um caixa eletrônico); o autor afirma que "o telespectador recebe informação e tem a expectativa de ser entretido em uma postura 'reclinada' e através de uma linguagem carregada de emoções". Ele relata que, em relação aos resultados das pesquisas referentes a aplicativos para ITV, a satisfação dos usuários não condiz com as métricas de eficiência comumente utilizadas em estudos de usabilidade de software: em alguns estudos, os aplicativos mais eficientes não eram os favoritos, mas os que geravam alguma forma de satisfação, mesmo que para isso fosse preciso "clicar" desnecessariamente.

Gil Barros (2009), em sua dissertação de mestrado *Consistência da Interface na TV Digital Interativa* apresentada à Escola Politécnica da Universidade de São Paulo em 2006, apresenta os princípios básicos da *usabilidade* nas interfaces de TV Digital, concentrando-se na questão de consistência entre plataformas, comparando diversos sistemas utilizados por operadoras de TV a cabo e satélite e detalhando funções das facilidades interativas disponíveis atualmente.

Na sua dissertação, Barros apresenta um estudo da interface gráfica da Direct TV, TVA, NET e SKY e recomenda desenhar as interfaces a partir de um controle remoto utilizando um grupo mínimo de teclas. O trabalho de Gil Barros define muito bem os diversos modelos de navegação, propondo modelos consistentes de navegação de EPG. Porém, a interatividade na TV deve permear todos os aspectos da experiência televisiva na era digital, desde a funcionalidade do aparelho aos set-top boxes e EPGs. O que vemos é a repetição do mesmo modelo funcional, validado originalmente em formas lógicas de catalogação, em sua maioria hierárquica. Será que esse encaminhamento não limita o valor de entretenimento da mídia televisiva?

Barros está correto no sentido de que é desta forma que se organiza a TV Digital: de maneira simples, pois um dos princípios da TV como tecnologia é que ela deve ser simples e não deve falhar, basta ligar o aparelho, mudar de canais e pronto; quanto ao sinal, ele não deve cair, falhar etc. Ao passo que, ao utilizarmos computadores, o mesmo não é verdade, estes falham, requerem upgrades e loops intermináveis são aceitáveis.

Na dissertação de mestrado em Tecnologia Multimídia de Valter de Matos apresentada na Universidade Lusófona de Humanidade e Tecnologia e na Faculdade de Engenharia da Universidade do Porto em 2005, intitulada *Usabilidade na web e usabilidade na televisão interactiva*, Matos questiona se as regras de usabilidade da web podem ser portadas às plataformas de televisão interativa, e se é possível utilizar a heurística de usabilidade de páginas web ao universo da TV interativa. A sua resposta é que é "possível e desejável a aplicação destas regras à TVi, se as especificidades do novo meio forem tomadas em consideração".

No entanto, como sugere Chorianopoulos (2006), devemos questionar a aplicação das regras de usabilidade da web à TV interativa, já que as expectativas de um telespectador são bem diferentes das de um usuário de computadores. A TV é um meio originalmente passivo e embora, como nota o próprio Matos (2005), o telespectador venha tornando-se progressivamente ativo, há várias expectativas imbuídas no meio TV. Na minha opinião, apenas a convergência apontada na dissertação não seria justificativa para usar as regras de usabilidade da web na TV, muito menos ao sugerir que simplesmente podemos adequá-las ao novo meio.

2.5.6 Novas Direções em Design para TVDI

A convergência da TV Digital com outras mídias digitais e redes de comunicação tem aberto caminho para novas formas de interatividade que não estão limitadas às restrições impostas pelos padrões de TV Digital. A TV conectada permite realizar na TV formas de interação antes limitadas ao computador, como a possibilidade de múltiplas janelas sobrepostas que podem ser rearranjadas pelo usuário. Plataformas de distribuição digital para IETV, Internet Enabled TV (TV com conectividade à internet), como o Yahoo TV e Google TV, têm realizado alianças com fabricantes de aparelhos de TV e têm utilizado "Widgets", pequenos aplicativos que podem ser acessados na TV. A Apple TV e Boxee, entre outros, têm desenvolvido equipamentos que conectados a uma TV permitem assistir a vídeos, filmes e programas de TV disponíveis via internet, sob demanda, que podem ser vistos quando o espectador quiser.

Em todos os casos, embora haja uma liberdade maior no design das interfaces para essas plataformas que são mais próximas de computadores, existe a prioridade do vídeo que traz questões como a obstrução da tela por itens de menu, que interfere na experiência do telespectador ao assistir a um programa, e a distância entre ele e a tela, o que determina a necessidade de que os elementos da interface sejam legíveis à distância e o controle destes seja realizado por um controle remoto ou outro método de comando da interface à distância.

Tendo em vista a convergência das mídias digitais e sem se concentrar especificamente na tela da TV como suporte, e sim pelo contrário, ao considerar a utilização de múltiplas telas e dispositivos, destaco duas pesquisas na área, uma desenvolvida em universidades na Inglaterra e outra na divisão de Pesquisa de Desenvolvimento da Adobe, empresa de software norte-americana. Exemplos de Widgets utilizados comercialmente também são apresentados.

Proposta de Interfaces de TVDI em Duas Telas

No estudo *Making Interactive TV Easier To Use: Interface Design for a Second Screen Approach* (2007), realizado conjuntamente por Leon Cruickshank, Emmanuel Sekleves e Roger Whitham da Brunel University, em Uxbridge, e Annet Tehill e Kaoruko Kondo da Westminster University, em Harrow, ambas instituições do Reino Unido, os pesquisadores desenvolveram um modelo de navegação da TV interativa em que utilizam duas telas. Essa proposta veio como resposta aos resultados de pesquisas que apontam haver pouco interesse nos aspectos interativos da televisão digital na Inglaterra, sendo que nesse país a interatividade na TV já está disponível em um grande número de serviços e, em 2012, se encerra o processo de digitalização da TV.

Nessa pesquisa, foram testados dois protótipos, o primeiro utilizando um laptop e o outro, um palmtop; o objetivo era proporcionar uma forma de interação mais adequada do que aquela fornecida pelo controle remoto. Após realizarem os testes, os autores concluem que os sujeitos analisados preferem esse tipo de interatividade com a TV àquela proporcionada pelo controle remoto. No entanto, o laptop e o palmtop (PDA) ainda não seriam a solução ideal, não só devido a algumas limitações da interface e dificuldades encontradas no uso da tela touch-screen do PDA, mas também pela percepção de que esse tipo de dispositivo teria um custo alto; sugerem, assim, desenvolver futuramente o protótipo utilizando um celular.

Widgets

Nitro TV é um projeto Beta da Adobe integrando widgets na TV Digital. No site www.adobe.com/inspire, há um vídeo intitulado "Experiences that scale across devices",[69] onde Matt Snow e Ali Ivmark, gerentes de Design da Experiência no escritório Adobe Systems em São Francisco, falam como aplicativos podem ser "scaled" em diversos dispositivos, computador desktop, laptops e TVs. Eles referem-se à plataforma Nitro da Adobe, que tem como objetivo desenhar, desenvolver e distribuir aplicativos em Flash para múltiplas telas.

O widget da Adobe é um aplicativo leve com uma única função escrito em Flash e pode ser compartilhado e utilizado em diversas plataformas com a web, em um celular e na TV. Segundo Matt Snow, há diversas maneiras de conectar-se e receber conteúdo, e cita o exemplo da Sony, que distribuiu o filme *Hanckok* para TVs conectadas à internet antes de lançar a versão em Blu Ray. Ainda conforme o pesquisador, "os dispositivos não estão convergindo", por isso a tendência dos consumidores de mídia de utilizarem diversos dispositivos para se conectarem, já que "as pessoas querem ir de uma tela para outra". Segundo Ivy, o espaço dos widgets é extremamente fragmentado e 80% dos widgets para a web são criados em flash e podem ser *viralmente* distribuídos e compartilhados.

Uma das aplicações do controle remoto do Wii apresentadas pela Looking Local no seu site[70] é a utilização de widgets para seus canais de informação. No site há exemplos de como se pode utilizar um widget do Twitter com o controle remoto do Wii ou mesmo um controle remoto convencional.

2.6 Design para Mídias Digitais

Assim como o design de websites evoluiu ao se libertar das restrições impostas pelas estruturas de organização e a limitação das linguagens de programação usadas inicialmente no desenvolvimento de websites, com a convergência das mídias digitais o mesmo deverá ocorrer no design de interação para programas interativos na TV Digital. Inicialmente, o designer de websites sequer tinha opções de fontes tipográficas e a possibilidade de posicionar imagens e textos nos layouts da forma que achasse mais conveniente. Já com a introdução do CSS (Cascading Style Sheets) e de programas de autoração como o Dreamweaver e Go-Live, designers gráficos passaram a

69 In Inspire A publication from the Adobe Experience Design Team. Disponível em: <https://xd.adobe.com/#/videos/video/144>.

70 <http://lookinglocal.gov.uk/wiki/display/pub/Widget+Interfaces>.

poder realizar layouts com a mesma liberdade que tinham na mídia impressa. O mesmo ocorreu nas emissoras de televisão nos anos 1970, com a introdução dos geradores de caracteres eletrônicos e sistemas de computação gráfica, quando a operação era realizada inicialmente por técnicos sem capacitação em design gráfico (SCHLITTLER, 2009).

No caso da TV Digital, como a importância do design televisual já está consolidada na indústria do audiovisual, o incremento de resolução decorrente da produção em alta definição vem contribuir para o campo. O que vemos é o envolvimento desses designers em uma nova disciplina que requer a compreensão dos processos de produção de programas que utilizam a interatividade. Esses processos ainda estão sendo introduzidos na organização das produtoras de programas e emissoras de televisão e, no estágio atual, encontram não somente as restrições impostas pela tecnologia e as ferramentas da autoração disponíveis, como o Cardinal Studio utilizado no sistema MHP e a ferramenta Composer NCL para o sistema Ginga, mas também possuem interfaces poucos amigáveis, de modo que a utilização destas ainda tem permanecido dentro dos departamentos de engenharia ou empresas especializadas. Ademais, os processos empregados na produção de programas interativos não chegam a acompanhar os avanços da indústria de software, como vimos no modelo apresentado por Gawlinsky (2003).

A convergência das mídias digitais abre novas perspectivas para o desenvolvimento de conteúdo audiovisual para a TV Digital na medida em que elas dialoguem com novas mídias que encontram suporte na internet e redes de celulares e possam ser utilizadas em uma gama de dispositivos como celulares, games e computadores. Nesse cenário, os processos do design de interação que enfatizam a experiência do usuário e não se encontram sob o paradigma de sistemas dedicados ou proprietários são os mais adequados ao desenvolvimento de produtos e conteúdos para as novas mídias.

Design para Mídias Convergentes – Interação e Identidade

3

A digitalização das tecnologias de produção das mídias audiovisuais e a distribuição digital dessas mídias têm transformado a maneira como as recebemos e as percebemos, abrindo espaço para novos formatos e linguagens. As redes globais de comunicação possibilitam que indivíduos compartilhem conteúdo gerados pelos próprios usuários, invertendo a lógica da indústria de comunicação de massa de modo que o receptor também passe a ser transmissor.

As antigas mídias permanecem e passam a conviver com as novas mídias, mas com a digitalização todas são compostas da mesma substância: códigos binários processados e distribuídos em rede. Com isso, a identidade das mídias passa a ser definida pela experiência do usuário e pelo design das interfaces das plataformas computacionais em que as mídias passam a existir. Essa identidade é essencialmente representação, como no teatro.

Em um cenário de digitalização e convergência das mídias, a mídia deixa de ser definida por sua materialidade e passa a ser marcada pela experiência que se realiza por meio das interfaces entre o usuário, a mídia e os dispositivos digitais. Assim como as outras mídias, a TV Digital pode ser definida por essa experiência e seus códigos. Ao projetar interfaces que facilitam a usabilidade e a interatividade com a TV Digital, o designer deve levar em conta esse novo paradigma.

Nessa nova experiência, as mídias dialogam, há uma ubiquidade de dispositivos inteligentes e surgem novos formatos de conteúdo audiovisual. É necessário que o designer, ao atuar no Design de Interfaces em um cenário de convergência da TV Digital com outras mídias, compreenda esse diálogo, as transformações dele decorrentes e como elas alteram as expectativas dos usuários. Desse modo, é possível inovar e propor caminhos que facilitem o diálogo e a interação do homem com as mídias convergentes de forma transparente e simples.

3.1 Digitalização das Mídias e Dispositivos

3.1.1 Produção e Distribuição de Mídias não Lineares

A digitalização atinge quase todas as mídias contemporâneas, da produção à distribuição. Nas mídias audiovisuais, sinais analógicos representando sons e imagens são convertidos em códigos digitais, de modo que sejam representados em um formato binário. Quanto mais alta a amostragem (*sampling*) durante a digitalização de um sinal analógico, mais fiel ao original será a codificação digital, ou seja, terá maior resolução (NOLL, 1988).

Uma vez que um sinal está digitalizado, ele pode ser replicado sem que haja perda de qualidade. Na comunicação digital, não existem cópias e sim *clones*, tornando-se impossível distinguir entre o original e a cópia, pois são idênticos. Já no processo de duplicação das mídias analógicas, pode ocorrer a introdução de ruídos e, consequentemente, a cópia difere do original. O mesmo pode ocorrer na transmissão analógica, em que a interferência de ruídos no sinal altera como este é percebido pelo receptor.

A produção audiovisual engloba a captação, edição e distribuição de imagens. Esse ciclo de produção pode ser parcial ou totalmente digital. A captação digital de filmes de longa--metragem é uma prática bastante recente e ainda se discute se a qualidade da imagem analógica obtida em película com uma câmera de 35mm seria superior à das câmeras de HDTV com alta definição (McSTAY, 2009). Aspectos subjetivos da percepção da imagem e amostragem de cores, introdução de ruído na película também pesam nessa discussão.

No cinema como na televisão, entretanto, a edição de imagens utilizando ferramentas digitais tornou-se uma prática comum, substituindo a *moviola* e as ilhas eletrônicas. A edição digital possibilita o que chamamos de *edição não linear*, em que arquivos de vídeo digital (ou digitalizados a partir de uma matriz analógica) são manipulados utilizando softwares que referenciam os arquivos de mídia e permitem montar "sequências" visualizadas e reorganizadas de diversas maneiras.

Processo similar ocorreu com a introdução de processadores de texto, que não só substituíram as máquinas de escrever, mas também possibilitaram recursos de linguagem, já que através de "links" hipertextuais um autor pode conectar partes do texto, abrindo caminhos narrativos (LANDOW, 1992). Com as possibilidades de comunicação advindas da hipertextualidade e das redes digitais, é de esperar que as mídias audiovisuais sofram transformações radicais.

Steven Johnson, em seu livro *Interface Culture* (1999), aponta como as novas formas de linguagem possíveis com o advento da hipertextualidade tiveram um impacto muito maior para os usuários da web do que a tecnologia propriamente dita:

> Pergunte a qualquer usuário da Web se ele se recorda do que o atraiu pela primeira vez ao ciberespaço: você provavelmente não irá ouvir descrições rapsódicas de animações gráficas girando, ou um clipe sonoro agudo e distorcido. Não, o momento de eureca para a maioria de nós veio pela primeira vez quando, ao clicarmos em um link, nos encontramos atravessando o planeta. A liberdade e o imediatismo daquele movimento... foi genuinamente diferente de tudo o que veio antes...
>
> Aquilo com que deparamos neste primeiro encontro foi algo profundo ocorrendo ao nível da linguagem. O link é a primeira forma significativa de pontuação a emergir nos últimos séculos, mas é apenas uma dica do que virá. Hipertexto, na verdade, sugere uma gramática de possibilidades inteiramente nova, uma nova forma de escrever e contar histórias.[71] (JOHNSON, 1999: 110).

As redes digitais de comunicação abrem caminhos na distribuição de conteúdo audiovisual. Nas redes digitais, a comunicação não se dá mais exclusivamente ponto a ponto, ou do transmissor para o receptor, deixando de ser síncrona, e permitindo um diálogo entre o receptor e o transmissor. Na rede todos participam, com vídeos, imagens e comentários. Esse é um dos aspectos mais interessantes da interatividade possível na TV Digital, aquela advinda da colaboração dos usuários da rede; uma interatividade que abre caminhos para novas formas de linguagem e novos formatos audiovisuais.

A distribuição digital de conteúdo audiovisual tem colocado em xeque as mídias estabelecidas: redes de dados de alta velocidade e técnicas de compressão de arquivos de vídeo

---

71 Tradução do autor do texto original em inglês:
"Ask any Web user to recall what first lured him into cyberspace; you're not likely to hear rhapsodic descriptions of a twirling animated graphic or a thin, distorted sound clip. No, the eureka moment for most of us came when we first clicked on a link, and found ourselves jettisoned across the planet. The freedom and immediacy of that movement ... was genuinely unlike anything before it....
What we glimpsed in that first encounter was something profound happening at the level of language. The link is the first significant new form of punctuation to emerge in centuries, but it is only a hint of things to come. Hypertext, in fact, suggests a whole new grammar of possibilities, a new way of writing and telling stories".

permitem realizar o download[72] de filmes disponíveis na internet que, ao serem arquivados no hard-disk de um computador ou em um set-top box de TV a cabo, nos libertam da grade de programação televisiva. A mesma tecnologia pode ser aplicada para gravar programas TV e assistir a eles posteriormente em um horário diferente do programado.

Quando a empresa norte-americana TIVO lançou um aparelho que combinava um Personal Video Recorder (PVR)[73] com um serviço que recomendava, selecionava e gravava programas de TV de acordo com um perfil personalizado para cada telespectador e eliminava os comerciais na hora de exibi-los, a indústria de publicidade norte-americana entrou em pânico. Essa crise da publicidade é relatada no artigo "The Future of the 30-Second Spot", publicado na revista de domingo do jornal *The New York Times* em 2005, em que se anunciava o fim do formato comercial de 30 segundos para a TV e o da publicidade como conhecíamos até então (MANLY, 2005).

O serviço da TIVO em si não acabou com o comercial como previsto, mas o avanço das diversas tecnologias que permitem assistir a vídeos sob demanda na internet tem impactado a audiência da televisão e gradativamente reduzido a importância do comercial de 30 segundos, fazendo com que as agências de publicidade buscassem alternativas como os vídeos "virais", distribuídos na internet e nas redes sociais. Henry Jenkins e pesquisadores do Consórcio para Cultura Convergente do MIT sugerem que esses formatos mutáveis distorcem os interesses dos produtores de conteúdo e dos publicitários, em sua "viagem" nessa cultura participativa (JENKINS; LI; KRAUSKOPF, 2008).

As inovações tecnológicas não têm impactado apenas a indústria de comunicação de massa; a indústria de games, por sua vez, tem se consolidado e passa a competir com a indústria de cinema[74] (LYONS, 2009). Um grande número de domicílios tem consoles de games conectados ao aparelho de TV, adicionando mais uma opção de entretenimento eletrônico que, ao cativar os mais jovens por horas na frente da tela, tem desviado o interesse destes da programação da TV convencional.

3.1.2 A música como precursora do audiovisual

Com a introdução do CD (Digital Compact Disc), a indústria musical digitalizou seus produtos. No início, a distribuição

---

72 Tem-se utilizado a expressão "baixar" como tradução do termo "download", que significa descarregar arquivos remotamente de servidores conectados à internet para um computador pessoal. "Upload" é a designação do processo inverso, ou seja, quando um utilizador transfere arquivos de um computador pessoal para um servidor na internet.

73 PVR, Personal Video Recorder, também conhecido como DVR – Digital Video Recorder é uma combinação de um disco rígido e software em um STB ou outro dispositivo conectado a uma TV, que permite gravar programas de TV para se assistir posteriormente, ou gravar um programa enquanto assiste-se a ele, permitindo retroceder e pausar o programa.

74 Segundo Margaret Lyons, na matéria "Videogames vs. Movies: A leader emerges... and we applaud!?", publicado em 21/5/2009 no site da revista *Entertainment Weekly*, uma pesquisa de mercado realizada recentemente nos EUA revela que 63% dos norte-americanos jogaram um videogame nos últimos seis meses, ultrapassando os 53% que foram assistir a um filme no cinema, no mesmo período. Disponível em: <http://popwatch.ew.com/2009/05/21/more-people-pla/>. Acesso em: 20/11/2010.

dos CDs ainda estava baseada em produtos físicos – CDs distribuídos em lojas, que, embora não tivessem mais dois lados como os álbuns de vinil, ainda eram concebidos como obras integrais, compostas por uma sequência de faixas, capa e encarte, passando a ser vistos como "substitutos" digitais do álbum Long Play.

Com o avanço de técnicas de compressão de arquivos sonoros, mais especificamente o formato MP3, e a possibilidade de distribuição via internet, o meio físico deixa de ser uma condição para a distribuição da produção musical, fato que vem transformar o "business" da indústria fonográfica. Essa realidade é evidenciada pelo declínio das vendas de CDs: somente entre os anos de 2000 a 2005, nos EUA caíram 25% (HURLEY, 2006, p.16), número que corresponde ao período anterior da consolidação do serviço iTunes da Apple. O fechamento das lojas de discos da rede varejista Tower Records é emblemático dessa situação.

Não só a distribuição se transformou, mas o modo de se consumir música mudou radicalmente. Com a tecnologia digital, é possível remixar álbuns, reorganizando a sequência planejada de uma obra musical, ou criar playlists, facilitando a compilação pelo ouvinte de músicas de diversos compositores, intérpretes e estilos, promovendo formas cada vez mais personalizadas de se escutar música.

As transformações decorrentes da digitalização da música têm consequências que vão além da introdução de meios alternativos de distribuição e recepção musical, e seu impacto atinge a produção musical atual. Sites como o MySpace permitem que músicos e bandas distribuam sua produção sem depender das grandes gravadoras; de modo similar a redes sociais como Facebook, o MySpace possibilita atingir diretamente o público de um gênero musical, o que, nesse universo de produção musical cada vez mais segmentado, tem sido um dos desafios das gravadoras.

Assim como ocorreu com o processo de digitalização da música, o avanço das técnicas de compressão de vídeo e o crescente acesso doméstico a redes de banda larga têm viabilizado a distribuição de filmes e vídeos na internet por serviços como Apple iTunes e NetFlix. Em razão desses avanços tecnológicos e da mudança de comportamento do público, acredito ser inevitável que a indústria do audiovisual sofra as mesmas transformações pelas quais passou a indústria fonográfica.

Neste cenário, a métrica dos formatos fragmenta-se: há pulverização de unidades. O YouTube, por exemplo, é constituído de múltiplos elementos audiovisuais, muitos gerados pelos próprios usuários e que são consumidos de forma diferente da TV tradicional. Não só muda a forma de assistirmos e consumirmos conteúdo audiovisual, como esta passa a dialogar com outras mídias.

Ao lermos uma notícia no site de um jornal, podemos clicar em um link e começar a assistir a um vídeo sobre a notícia. Esse vídeo pode ter referências geográficas que podemos explorar em sites como o Google Maps, que, por sua vez, pode indicar outros vídeos relacionados ao mesmo local.

Por exemplo, um desses vídeos pode estar *hiperlinkado* a um trecho de um livro que cita um lugar, e, ao explorarmos esse local virtualmente no Google Maps, podemos começar a assistir a um filme que foi rodado nessa mesma locação. Inversamente, quando vemos um filme, é possível parar e buscar informações sobre um ator ou um local, ou ainda, durante um jogo de futebol, visitar o estádio ou pesquisar estatísticas e escalações dos times. Filmes podem ser interativos, ao associarem a contribuição dos usuários de redes de computadores a narrativas não lineares. Novos gêneros de programação podem surgir a partir do advento da autoria coletiva, como já tem sido indicado pelo sucesso dos reality shows.

Novas formas de produção de conteúdo

Até os anos 1970, o conteúdo audiovisual era gerado principalmente por emissoras de TV ou estúdios de cinema. Nos anos 1980, vemos as portas abrindo-se para a produção independente (MACHADO, 2003). Hoje, com a facilidade de acesso às ferramentas de produção, abre-se a possibilidade de indivíduos serem provedores de conteúdo audiovisual.

Processo similar ocorreu na indústria da computação quando a Microsoft passou a vender o sistema operacional desatrelado do hardware da IBM, o que não só abriu caminho para o surgimento da indústria de software, mas, com a evolução das redes globais de computadores, desencadeou uma revolução, com a introdução do software livre e a possibilidade de desenvolvimento de aplicativos em rede de forma coletiva. Hoje, redes sociais como Orkut e Facebook e o crescimento do interesse por conteúdo gerado por usuários (User Generated

Content) competem com as mídias estabelecidas (KLYM; MONTPETIT, 2008).

3.2 Identidade das Mídias

3.2.1 Especificidade dos Aparelhos Midiáticos

Com a digitalização, a forma como percebemos e utilizamos as mídias tem se transformado. No universo analógico, as mídias eram análogas ao meio material utilizado por uma dada mídia, portanto, os aparatos físicos que possibilitavam a comunicação possuíam uma função específica e determinada por sua materialidade. Assim sendo, um televisor servia para assistir à TV, um rádio para escutar programas de rádio, uma câmera para captar imagens e um telefone para conversar com outras pessoas. Nas mídias digitais, já não há mais a necessidade dessa especificidade: um telefone pode tirar fotos, jogamos games em um aparelho de TV e assistimos a programas de TV no computador onde trabalhamos.

Vivemos um período de transição, pois ainda estamos acostumados com a ideia de que adquirimos dispositivos midiáticos para fins específicos: um aparelho de TV Digital é projetado para assistir à TV, mas também pode ser utilizado para outras funções, como controlar a biblioteca de música em uma casa ou acessar a internet. O mesmo ocorre com o telefone celular, que pode servir como agenda, relógio despertador, máquina fotográfica e uma infinidade de funções, como se fosse um canivete suíço digital. Só que no canivete suíço existe uma fisicalidade para cada função expressa em sua forma. Nos dispositivos digitais, a funcionalidade está destacada da materialidade do objeto, o que só é possível por meio da representação.

3.2.2 Materialidade das Mídias

A digitalização das mídias faz com que haja a perda da materialidade das mídias, o que pode acarretar a perda de identidade destas, que antes era definida por aspectos físicos e palpáveis. Anteriormente à convergência das mídias digitais, as mídias trafegavam individualmente por canais discretos e eram recebidas por dispositivos dedicados a uma mídia específica.

Com a digitalização, a "descrição" vem da codificação e decodificação, gerando novas mídias mas não necessariamente substituindo as mídias estabelecidas. As mídias analógicas tinham sua identidade definida pela sua materialidade e, assim como os noticiários eletrônicos e digitais não substituíram os jornais impressos, mas passaram a conviver com eles, o cenário de convergência das mídias digitais provavelmente não acarretará a morte das mídias eletrônicas como a TV e o Rádio.

No entanto, as mídias eletrônicas têm sua materialidade definida pelo aparelho receptor e não pelo substrato em si, como ocorre na fotografia, no cinema e nos livros. A digitalização das mídias eletrônicas nos faz questionar a definição da identidade individual de cada mídia, pois a sua materialidade passa a ser substituída por códigos binários, cuja única materialidade são os processadores onde residem e são distribuídos. Nesse novo ambiente, a identidade deve consolidar-se por meio da representação baseada em metáforas, códigos visuais e culturais que têm origem na herança analógica de cada mídia.

As mídias do entretenimento – TV, web, celular e games – podem ser compreendidas como linhas independentes que, ao convergirem, perderam a autonomia e caminham para um diálogo. As novas mídias digitais como a internet, HDTV, smartphones e games podem ser vistas com uma única substância. Na prática, esses aparelhos são constituídos de microprocessadores, monitores (output), sensores e mecanismos de controle (input devices) e conectividade a redes de computadores.

A funcionalidade e a particularidade de cada meio são definidas por software e interfaces, ou seja, por uma série de códigos de informação e representação – processos lógicos que possibilitam realizar tarefas e metáforas ou narrativas que nos permitem interagir com a mídia. O software permite essa multifuncionalidade e, enquanto os aspectos materiais dos aparelhos de comunicação são essencialmente os mesmos (processador + monitor + input) para diversas mídias, essa versatilidade não vem sem um custo para o usuário.

Se observarmos o ambiente onde assistimos à TV, em muitos casos iremos encontrar diversos controles remotos que permitem operar o equipamento pelo mapeamento físico das funções eletrônicas em botões nesses controles, mas essa pletora de controles não dialoga entre si; o controle remoto universal surgiu como tentativa de resolver tal problema, mas acabou não tendo sucesso. Como as mídias tendem a dialogar entre si, estão sendo desenvolvidas interfaces do usuário e controles que visam facilitar a interação do usuário com diversas mídias.

3.2.3 Representação e Metáforas da TV

As interfaces desenvolvidas atualmente para aplicativos da TV Digital interativa são dedicadas a dispositivos ou objetos específicos e não têm a versatilidade do mouse ou do teclado alfanumérico de um celular, que servem para múltiplos dispositivos. Com a digitalização, a fisicalidade dos objetos deixa de ter uma especificidade funcional, como no caso do disco dedicado a focar a imagem na câmera fotográfica. Na máquina fotográfica digital, o disco regulador pode servir tanto para focar como, ao ser acionado em outro "modo", para ajustar o obturador da câmera.

O design de um produto digital incorpora a representação e as metáforas. Para isso, um primeiro passo é esquecer o dispositivo e pensar no objetivo, ou seja, a tarefa que se quer realizar. Por exemplo, ao dizer que queremos assistir à TV, é necessário ligar o aparelho e sintonizar um canal; essa tarefa é um pouco diferente daquela realizada quando nos propomos a assistir em um DVD, mas em termos operacionais a sequência de comandos é similar em ambos os casos.

Como decorrência dessa operação, ao ligarmos o aparelho de TV para vermos um filme que está passando em determinado horário em um canal de filmes na TV a cabo, acreditamos haver uma distinção entre assistir a um filme na TV e não em um DVD, embora a experiência como espectador seja essencialmente a mesma. Mas, se esse filme estivesse disponível *sob demanda* em um serviço de pay-per-view, substituindo a mídia física, não faríamos a mesma distinção entre assistir a um filme na TV ou em DVD.

Quando vamos ao cinema, dizemos que fomos assistir a um "filme", há uma conotação de que o que se viu era a projeção de uma película, ou seja, um substrato que roda e é projetado na frente dos nossos olhos. Se a projeção for digital, essa película deixou de existir, mas não deixamos de ir ao cinema, nem de assistir a um filme. Nesse caso, o filme como suporte ou mídia deixa de existir, mas a história, a narrativa, as imagens e os sons permanecem.

A materialidade referenciada da mídia se esvai, enquanto o contexto social, eventual e sensorial permanece, pois, mesmo com a digitalização da mídia cinematográfica, ainda há uma diferença entre ir ao cinema e assistir a um filme e ver o mesmo filme em casa projetado em um home theater, com características bastante próximas de uma diminuta sala de projeção de um cinema multiplex.[75]

A TV digital passa por processo similar: é possível receber a transmissão de um canal de TV no computador e assistir ao Jornal Nacional no PC, mas há uma percepção de que nesse momento não estamos assistimos à TV, mas vendo a TV no computador. Na essência, é uma questão de apresentação ou "enquadramento", como ocorre com embalagens de produtos de consumo. Como acabamos de ver, embora um receptor de TV Digital se assemelhe a um computador e um monitor conectado a uma rede de dados, ainda há diferenças determinadas por aspectos físicos do aparelho receptor.

Com a digitalização, concretiza-se o fato de que a TV passa a ser um monitor, cujo receptor é um computador genérico em vez de um circuito dedicado a uma função, e esse computador possui software (middleware), possibilitando realizar a tarefa de "assistir à TV". Esse "receptor", quando conectado a redes, também pode se comunicar bidirecionalmente, permitindo a interatividade.

Os mesmos hardware e software de um aparelho de TV que recebem e decodificam sinais de TV Digital podem ser reconfigurados para acessar serviços de vídeo sob demanda na internet, como o NetFlix, Hulu, TIVO. Inversamente, é possível utilizar um PC para assistir a vídeos, em tempo real ou sob demanda, seja das emissoras, ao instalar-se uma placa receptora de TV Digital no PC, ou diretamente da internet. Esse mesmo computador pode gravar a transmissão, realizando-se assim o *time shifting* da programação televisiva e permitindo-se que um programa seja visto na hora em que se quiser, mudando radicalmente nosso relacionamento com a grade de programação de uma emissora.

Serviços na internet como o YouTube estão revolucionando a maneira como o público tem assistido a vídeos, permitindo aos usuários postar suas próprias produções, remixar programas de TV, resgatar vídeos do passado, mudando a autoria e pondo em xeque a indústria de produção e distribuição audiovisual. Em 2010, vídeos passaram a representar 51% do

---

75 "Multiplex" é como se tem denominado os cinemas com múltiplas salas, muitas vezes resultado da conversão de uma grande sala de projeção em pequenas salas. Não se deve confundir com a forma de transmissão de vários fluxos de vídeo na TV Digital.

tráfego total de dados na internet nos EUA, ao passo que em 1995 representavam uma parcela próxima a zero (ODLYZKO, 2010: 120).

3.2.4 Identidade das Mídias

Ao deixarmos de associar o conteúdo audiovisual a uma mídia específica, uma questão que vem à tona é como manter a identidade dos produtores de conteúdo quando eles deixarem de ter controle dos canais onde sua produção será distribuída. Com o estabelecimento da TV a cabo nos anos 1990 nos EUA, tornou-se cada vez mais importante que os canais de TV tivessem uma identidade visual forte, de modo que se diferenciassem entre centenas de canais que surgiam.

As redes de TV como NBC, CBS e ABC, que detinham 91% da audiência em 1979 (HOINEFF, 1991: 40), viram seus índices de audiência cair exponencialmente com a competição dos canais de TV a cabo. Estes buscavam estabelecer-se em nichos, com uma programação cada vez mais segmentada, desenvolvendo sua identidade com o objetivo de atingir seu público específico.

Emissoras como a MTV passaram a trabalhar conceitualmente com a marca, de forma que o manual de identidade se torna abstrato – uma "consciência coletiva" de valores e atributos de uma marca que passa a definir um espaço, um segmento da mídia. Por exemplo, a moda define espaços nas cidades: ao vestir-se de uma determinada forma, cada indivíduo participa do espaço urbano de acordo com os signos embutidos na sua aparência. As interfaces gráficas têm este atributo e limitação; ao mudar a aparência de um site ou programa de TV, ele é posicionado em outro espaço social e cultural.

A importância da identidade visual encontrada pelos canais de TV transpõe-se para a internet, onde os desafios são cada vez maiores – com um click pode-se abandonar o site e estar em outro canal. A diversidade de programação encontrada na TV a cabo e a facilidade de mudar de canal ao utilizar-se um controle remoto passam a ser um desafio para as emissoras. Os canais de TV não são mais fixos no "dial", cada sistema pode organizar os canais à sua maneira, de modo que o canal 5 na transmissão terrestre pode passar a ser o canal 23 em um sistema de TV a cabo.

Outro desafio que surge com a TV a cabo, além da necessidade de reter um telespectador que passa a "zapear" incessantemente entre canais, é o de se identificar instantaneamente quando o telespectador passa por um canal. Como resposta a esse problema, a MTV, ao lançar nos anos 1990 um novo canal de música, o VH1, introduziu o que apelidaram de "bug": a utilização do logotipo do canal como se fosse uma marca d'água sobreposta ao vídeo.

O termo "bug", que tem sua origem na percepção de que esta marca era como se fosse um inseto que pousou na tela de TV e ficava incomodando[76] o telespectador, reflete a rejeição à prática encontrada no início, mas que hoje tem sido adotada por quase todos os canais de TV. Hoje, como os vídeos das emissoras de TV podem ser copiados e postados em lugares diferentes na internet, a aplicação dessa identificação tem importância renovada, sendo utilizada como recurso de marcar a autoria dos vídeos. Da mesma forma como fazendeiros marcam o gado[77] para que sejam reconhecidos caso pastem em outras propriedades, os proprietários dos direitos de imagem de conteúdo audiovisual "marcam" seus vídeos para que sejam identificados na internet.

A convergência das mídias traz desafios não só para a identidade dos produtores de conteúdo como os que surgiram com a TV a cabo e continuaram com a web; ela traz também a questão da identidade das mídias em si, que passam a perder a identidade que era definida pela sua materialidade: um jornal era identificado como tal por ser impresso em papel jornal, uma revista por ser encadernada de uma determinada forma, um vídeo pelo formato do cassete (U-Matic, VHS ou Betamax), um filme pela bitola da película (Super 8, 35mm ou 16mm) e assim por diante. Uma opção é representar mídias analógicas mediante ícones e símbolos que representem seu legado analógico, mas tal prática tem suas limitações ao considerar-se a introdução de novas mídias como as que unem a TV com redes sociais.

As novas mídias resultantes da convergência digital, ou "remediadas", ainda estão em fase de maturação e, portanto, poucas possuem referências que podem ser incorporadas em sua identidade. Serviços como YouTube e Facebook deixam de ser simplesmente sites na web e transformam-se em plataformas na web; por enquanto suas interfaces ainda seguem os padrões de navegação de um site e utilizam players que simulam

76 A expressão "bugging" em inglês significa: importunar, incomodar.

77 O termo "branding" tem sua origem nessa prática dos fazendeiros de marcar o gado com um ferro moldado no formato de suas iniciais.

os controles de um DVD ou um videocassete, permitindo que o usuário assista a um vídeo.

Mas com o tempo a relação que o usuário faz entre tocar um vídeo e um aparelho originalmente dedicado a este fim deixa de ter importância, pois essas referências ficam cada vez mais abstratas. Serviços que permitem assistir a vídeos ou compartilhar imagens passam a ser oferecidos em novos dispositivos, como telefones celulares, smartphones, a navegação e a interface passam a ser diferentes da web, definindo mídias que tendem a buscar uma identidade.

3.3 Definindo a Experiência de Assistir à TV

O que é assistir à TV? Uma postura, uma situação? Ao tratar-se da identidade das mídias audiovisuais, é crucial definir a experiência de se assistir à TV. Podemos considerá-la uma atividade relacionada ao conteúdo e à tecnologia empregada. O conteúdo são os gêneros de programação que encontramos; a tecnologia, a forma de comunicação audiovisual à distância (do grego *tele* – "distante" e do latim *visione* - "visão"). O televisor capta as ondas eletromagnéticas e as converte em imagens e sons; já a TV Digital decodifica imagens e sons modulados que são convertidos em bytes, sequências binárias que representam essa informação que, por meio de um tradutor, é remodulada, produzindo imagens em um monitor e sons em um alto-falante.

Com a digitalização, os "dispositivos midiáticos" deixam de ter importância. Temos que nos basear em representação e metáforas. No caso da TV, uma forma de resolver esse problema é esquecer o aparelho e pensar no objetivo, ou na ação que se pretende realizar (NORMAN, 2010). Retomemos o exemplo apresentado anteriormente, quando distinguimos entre assistir a um filme na TV acessado por diferentes mídias – TV a cabo, DVD – e sob demanda na internet.

Nos três casos, verificamos que o telespectador, ao assistir ao mesmo filme em uma tela (monitor) a qual denomina TV, cujos sons e imagens são codificados pelo mesmo algoritmo de compressão (por exemplo MPEG), realiza uma distinção dessa atividade em função da mídia de distribuição do filme, ou seja, o aparelho de reprodução da mídia conectada à TV: STB, no caso da TV a cabo, aparelho de DVD e um computador, no caso do filme baixado da internet.

No entanto, caso o usuário não tenha realizado as conexões físicas desses aparelhos com a TV, a mídia só é evidenciada pelo fato de comandá-la por um controle remoto e menus criados especificamente para cada mídia (assumindo que o disco do DVD já estava inserido no leitor ótico). Isso nos leva a concluir que a distinção entre as três possíveis formas de se consumir um mesmo conteúdo audiovisual é definida muito mais pela interface entre o usuário e a mídia do que pelos aspectos físicos de cada mídia.

Assumindo que hipoteticamente se pode criar uma interface com uma identidade consistente para um suposto "menu" que permitiria escolher as cenas ou configurar o áudio desse mesmo filme (TV Digital Interativa, IPTV e DVD, por exemplo), e que os dispositivos de reprodução estivessem todos incorporados em um mesmo aparelho, a mídia em si deixa de ter uma identidade dependente de suas características materiais e permanecem apenas os aspectos representacionais. O que resta então para o espectador, nesse caso, é a experiência de assistir à TV ou especificamente a um filme na TV.

3.3.1 HDTV e Percepção de Resolução

No processo de definição do padrão de TV Digital nos EUA, os broadcasters[78] defendiam que o "Killer Application" da TV Digital seria a High Definition Television – HDTV, a TV de alta definição. Essa posição era favorável aos interesses das emissoras afiliadas à NAB, pois justificava os custos da implantação e as favorecia na competição com as operadoras de TV a cabo e empresas de telecomunicações que entravam no mercado de TV (DIZARD, 2000).

Em 1993, Negroponte inicia sua coluna no primeiro número da revista *Wired* com a seguinte afirmação: "A TV de Alta Definição é claramente irrelevante. Quando você olha para a TV, você se pergunta: O que está errado ? A resolução da imagem? Claro que não. O que está errado é a programação"[79] (NEGROPONTE, 1993).

Ao reler essa coluna quase vinte anos depois, vemos que HDTV não foi justificativa suficiente para os norte-americanos trocarem seus aparelhos de TV analógicos por digitais; em 2009, ano em que todas as emissoras cessaram suas transmissões analógicas, uma grande parcela dos lares norte-americanos não havia feito a transição. Um dos motivos é que grande

---

[78] As principais redes de TV nos EUA. ABC, CBS e NBC e suas emissoras afiliadas estão representadas pela NAB – National Association of Broadcasters. O termo Broadcasters, quando utilizado no âmbito da TV, refere-se a esse grupo e o lobby que representam em termos de legislação das telecomunicações e radiodifusão nos EUA.

[79] Tradução do autor do texto original em inglês: *"High-definition television is clearly irrelevant. When you look at television, ask yourself: What's wrong with it? Picture resolution? Of course not. What's wrong is the programming"*.

parte dos lares contrata serviços de TV por assinatura via cabo ou satélite, e mesmo que os set-top boxes sejam digitais eles possuem saídas analógicas, permitindo que os telespectadores continuem usando monitores analógicos. Para aqueles que não compraram um novo televisor digital, o governo ofereceu cupons que podiam ser trocados por conversores da TV Digital (ATSC) para aparelhos analógicos (FCC, 2008).

A Copa do Mundo de 2010 foi a primeira em que os brasileiros puderam assistir aos jogos em alta definição; embora consumidores já tivessem comprado TVs de LCD ou plasma, muitos nunca haviam visto imagens de alta definição em seus aparelhos. Os que viram se impressionaram com a qualidade da imagem, mas é discutível se isso é razão suficiente para trocar de aparelho; fatores como a menor profundidade da tela, menor peso do aparelho também pesam na decisão de troca.

A questão da percepção da resolução em pixels pelos telespectadores tem sido foco de estudos, como um publicado na revista *New Scientist* (JOOR; BEEKHUIZEN;VAN DE WIJNGAERT; BAAREN, 2009); nele, pesquisadores compararam as impressões de vários telespectadores ao assistir a vídeo de qualidade standard e de alta resolução em um mesmo monitor de HDTV. O estudo conclui que muitos dos sujeitos não perceberam a diferença de qualidade da imagem. Esses resultados reforçam as projeções de Negroponte (1993) quando afirma que "HDTV é irrelevante".

No Brasil, durante o processo de especificação do SB-TVD, as redes de TV defendiam a TV de alta definição (HDTV) pelos mesmos motivos que os broadcasters norte--americanos; entre eles, o ganho de espectro (CRUZ, 2008). O governo, por sua vez, defendia que a TV deveria ser um instrumento de inclusão digital; consequentemente, essa discussão proporcionou ganhos para o SBTVD, que não só contempla HDTV, mas também a transmissão para dispositivos móveis, comunicação com outras plataformas e a interatividade em uma plataforma aberta (Ginga).

Uma das promessas da TV Digital no Brasil sempre foi a interatividade, mas sua implementação ainda engatinha. Negroponte (1993) sugere que, para que a TV Digital se suceda, ela deve inovar em sua programação, e essa inovação vem do fato de a TV ser digital. É com base nessa premissa que devemos pensar a interatividade e o design de interfaces para a TV

Digital, no entanto, a implementação da interatividade em TVDI ainda está pautada em paradigmas ultrapassados, como será discutido mais adiante neste capítulo.

> É necessário inovar em programação, novas formas de "entrega" e personalização de conteúdo. Tudo isto pode ser derivado do fato de ser digital. O noticiário das 18h00 poderá não só ser "entregue" quando você quiser, mas poderá ser editado por você e acessado aleatoriamente por você. Se o telespectador quer assistir a um filme antigo do Humphrey Bogart às 20h17, a empresa de telefonia irá providenciar isto através de um par de fios de cobre. Eventualmente, ao assistir a um jogo de beisebol, será possível fazê-lo de qualquer assento do estádio, ou ainda, da perspectiva da bola de beisebol. Isto será uma grande mudança.[80] (NEGROPONTE, 1993).

O que Negroponte propõe é uma realidade hoje, mas a forma de realizá-la ainda é muito fragmentada e complexa; os serviços de vídeo sob demanda funcionam bem em plataformas dedicadas como Apple TV. Serviços como o Hulu demonstram que isso está mudando, e que já é possível assistir a vídeos sob demanda na internet com qualidade bastante razoável; não é HD, mas, como foi dito, dada a opção de se personalizar o conteúdo, a resolução menor do vídeo pode ser irrelevante para o telespectador.

Deve-se considerar as dificuldades encontradas pelos usuários ao realizar conexões físicas dos aparelhos conectados à sua TV, como as que encontramos ao conectar aparelhos de videogame e videocassete à televisão, devido à incompreensibilidade para muitos usuários dos menus utilizados para acessar novas funcionalidades incorporadas nos aparelhos. Funções como programar canais favoritos ou agendar a gravação de um programa acabam sendo abandonadas pelo consumidor, que termina optando por somente realizar operações mais básicas, como mudar de canal e aumentar o volume.

Muitas vezes o consumidor, ao comprar um aparelho de HDTV, não se dá conta de que, na realidade, ele está adquirindo um monitor que pode ser conectado a diversos serviços digitais, como a internet, TV a cabo, via satélite, consoles de videogames, DVDs e Blu-Ray. No caso de o aparelho não possuir um receptor de TV Digital incorporado, podemos especular que o telespectador opte por receber o sinal de outras fontes,

80 Tradução do autor do original em inglês: *"What is needed is innovation in programming, new kinds of delivery, and personalization of content. All of this can be derived from being digital. The six-o'clock news can be not only delivered when you want it, but it also can be edited for you and randomly accessed by you. If the viewer wants an old Humphrey Bogart movie at 8:17 pm, the telephone company will provide it over its twisted-pair copper lines. Eventually, when you watch a baseball game, you will be able to do so from any seat in the stadium or, for that matter, from the perspective of the baseball. That would be a big change."*

Design para Mídias Convergentes – Interação e Identidade

em vez de receber a transmissão de HDTV das emissoras de TV Aberta. Podemos assumir que esse aparelho, que foi adquirido com o propósito de servir como um aparelho de TV de Alta Definição, acaba sendo muito mais utilizado para assistir à programação da TV Analógica, conteúdo acessado da internet e outras formas de entretenimento que mesmo em baixa resolução passam a competir com a programação da TV Digital.

3.3.2 Social VS Individual

Essa multiplicidade de usos dos monitores de HDTV aponta para a entrada do computador na sala de estar – o centro social de uma residência, assim como nos bares e em outros espaços públicos. Não que isso já não esteja ocorrendo com a presença crescente de dispositivos inteligentes móveis, laptops, tablets, smartphones e games portáteis nesses espaços.

No entanto, esses dispositivos são de uso individual, já a TV é uma mídia com a qual nos relacionamos em grupo;[81] quando o computador passa a ser utilizado coletivamente, há a necessidade de interfaces adequadas para essa interação, o que não é o caso dos sistemas operacionais dos PCs e celulares, cujo modelo de interação é inadequado para esse tipo de utilização, pois focam no indivíduo, mesmo que esteja conectado a outros virtualmente através de redes de comunicação.

Em relação aos aspectos da interação de grupos de indivíduos com computadores, videogames que utilizam múltiplos controles remotos, permitindo que vários jogadores interajam na mesma tela, podem indicar um caminho a ser considerado ao se desenvolverem interfaces para múltiplos usuários em um ambiente com um único aparelho de TV Digital. Um outro aspecto do qual não podemos nos esquecer é a relação com o prazer que buscamos ao utilizar e assistir a mídias eletrônicas, como a TV e videogames. As interfaces para interagir com a TV Digital não só devem considerar as possibilidades advindas dos avanços tecnológicos e a inclusão de múltiplos usuários, como também que a essência da TV é entretenimento e não deve assemelhar-se ou tornar-se um trabalho.

3.3.3 Novo Paradigma da TVDI

Até recentemente, os parâmetros utilizados nos requisitos de projetos de interfaces gráficas para a Televisão Digital Intera-

81 Embora também se possa assistir à TV individualmente e em muitos lares existam aparelhos em diversos cômodos, a TV tem um caráter coletivo nas famílias brasileiras.

tiva – TVDI[82] supunham que no Brasil o modo de produzir programas de TV Interativos para o Sistema Brasileiro de TV Digital (SBTVD) seria muito próximo daqueles apresentados por Gawlinsky (2003) em seu livro *Interactive Television Production*, obra que tem sido adotada por produtores e designers ao desenvolverem programas de TV Interativa para a plataforma MHP.[83]

Com a consolidação do YouTube e a introdução de novos serviços de TV via internet como o GoogleTV e Hulu.com, esses parâmetros, ao limitarem o desenvolvimento de programas interativos para a TV Digital, tornam-se obsoletos, pois não levam em consideração que hoje a experiência de assistir à TV não está necessariamente associada a um equipamento receptor projetado especificamente para esse fim.

O atual paradigma da interatividade na TV – interfaces sobrepostas à programação e manipuladas por um controle remoto – não tem despertado o interesse pela interatividade prevista na TV Digital. Esse desinteresse não será em parte uma limitação do dispositivo de controle? O celular é bem mais limitado em sua operacionalidade, o que, no entanto, não impediu o desenvolvimento de formas interativas em plataformas móveis, aspecto que consequentemente acabou despertando o interesse da indústria em adotar pesquisas de ponta no campo do design de interfaces, como a incorporação da manipulação direta na interface do *iPhone* da Apple.

3.3.4 Novos Paradigmas Tecnológicos

Os novos monitores de HDTV de alta definição e progressive scan estão cada vez mais próximos e chegam a superar a resolução dos monitores de computadores pessoais – PCs. Como foi apresentado anteriormente, com a digitalização da TV, os STBs passaram a ser microprocessados e, em alguns casos, equipados com Hard Drives – HDs, discos rígidos que com sua capacidade de armazenamento de vídeo permitem incorporar a funcionalidade de Digital Video Recorder (DVR) nos STBs. Desde 2009, estão sendo lançados Internet Enabled Set-Top Boxes (IESTBs) e Internet Enabled TVs (IETV), possibilitando o acesso à internet diretamente da TV; se considerarmos outras formas de conectividade como Bluetooth, USB e Wi-Fi, temos um sistema muito próximo do computador pessoal, que permite personalizar a configuração do

---

82 Como por exemplo o RFP (Request for Proposals) do CPqD para o consórcio TAR do SBTVD. Participei como designer de interfaces para TVDI junto à Escola do Futuro da USP, onde a obra de Gawlinky (2003) foi adotada como principal referência

83 MHP é a especificação multimídia do DVB, padrão europeu de TV Digital, para a qual desde o final dos anos 1990 tem-se produzido uma gama de programas interativos como os apresentados no Capítulo 3.

Design para Mídias Convergentes – Interação e Identidade

sistema. Afirma Negroponte (1993): "Ao se transferir a inteligência de um sistema de TV do transmissor para o receptor, a diferença entre uma TV e um Computador Pessoal passa a ser negligenciável".[84]

Nesse cenário tecnológico se estabelece um novo paradigma da TV Digital, no qual se define a experiência de se "assistir à TV" pela atitude do telespectador, em vez do hardware utilizado para "assistir à TV". Esse novo paradigma deve nortear os requisitos em um projeto de design de interfaces que permita a interatividade do telespectador com a TV Digital e não as especificações de um determinado sistema, que pode tornar-se obsoleto em pouco tempo. O design deve ter como objetivo a experiência da interatividade e o que podemos fazer diante de uma TV no contexto da convergência das mídias, e não resolver graficamente telas de menus de navegação cuja funcionalidade é imposta por uma tecnologia que foi definida por interesses contrários à convergência das mídias.

No paradigma anterior, em que a TV era atrelada a um *hardware* – um equipamento eletrônico construído para um fim específico –, assumia-se que o aspecto interativo seria secundário à atividade de se assistir à TV. Mesmo que houvesse interatividade, não se questionava se o usuário estava assistindo à TV ou usando um computador, pois se assumia que a atividade principal era a de assistir, já que ela é definida pelo aparelho.

No paradigma atual, ao receber a transmissão da TV Digital terrestre em um PC, pode-se assumir que o usuário está "acessando" a TV em um PC. No entanto, se o mesmo computador estiver conectado de forma "transparente" a um monitor de TV e se o usuário utilizar um controle remoto para mudar os canais, é bastante provável que esse usuário tenha a percepção de que está assistindo à TV em vez de achar que está "vendo a TV em um computador".

Existem hoje no mercado norte-americano soluções que tornam essa proposição possível, como o programa Boxee, que consolida em uma interface gráfica arquivos de mídia, IPTV e serviços web, minimizando os aspectos "computacionais" do PC e criando um "ambiente" de entretenimento que permite acessar os arquivos de mídia no PC (SWEDLOW, 2010), streaming de programas de TV via web e realizar o download de filmes disponíveis na internet mediante serviços como o NetFlix.[85]

84 Tradução do autor do original em inglês: "As intelligence in the television system moves from the transmitter to the receiver, the difference between a TV and a personal computer will become negligible." (NEGROPONTE, 1993)

85 Mais informações sobre este serviço e parcerias podem ser encontradas no site do fabricante: <http://www.netflix.com>. Acesso em: 5/7/2010.

No entanto, uma das principais dificuldades encontradas na prática ao utilizar uma solução como essa é a necessidade de configuração por parte do usuário, inibindo o uso dessa solução por um grande número de usuários que têm menos facilidade ou paciência para lidar com as complexidades impostas por uma tecnologia pouco "amigável" (user friendly).

Os sistemas de TV Digital como SBTVD, ATSC, DVB (DTV, 2008) assumem que a plataforma televisiva deve ser robusta e simples, as aplicações interativas rodam sobre um middleware, permitindo uma padronização do hardware e minimizando os "glitches", pequenos conflitos e erros gerados pelo sistema operacional ou software (GORIUNOVA; SHULGIN, 2006). Essas falhas momentâneas, comuns nos softwares de computadores, acabam sendo aceitas pelos usuários como um aspecto intrínseco da tecnologia digital.

A ideia do middleware é a de preservar as características dos aparelhos eletrônicos que até recentemente não estavam sujeitos a esse tipo de falhas durante sua operação. Do ponto de vista do telespectador, espera-se uma experiência bastante objetiva em relação à utilização do equipamento onde se assiste a um programa de TV: deve-se buscar que haja um mínimo de configurações para se utilizar o sistema, o usuário deve poder ligar a TV, mudar de canal e ajustar o volume de uma forma simples e direta. No novo paradigma, corre-se o risco de esses glitches serem constantes, frustrando o espectador.

No paradigma anterior, com a introdução do set-top box como parte integrante do sistema, e a decorrente necessidade de realizar tarefas como selecionar a entrada de vídeo, utilizar múltiplos controles remotos e conectar cabos entre diversos aparelhos, o telespectador depara com uma situação razoavelmente complexa para realizar uma tarefa tão simples quanto assistir a um programa de TV. No novo paradigma, o sistema torna-se ainda mais complexo. O designer de interfaces deve compreender que seu papel poderá ser também o de um facilitador dessa experiência.

O SBTVD, da forma como foi estabelecido, e seu middleware Ginga parecem suficientemente abertos para incorporar essas mudanças, como vemos pelas pesquisas que permitem utilizar o Ginga em dispositivos móveis (CRUZ; MORENO; SOARES, 2008). Não sabemos exatamente quais serão as mudanças que podem ocorrer ou deixar de ocorrer devido às forças que dominam o mercado; onde, por um lado, temos a indústria do audiovisual com as emissoras e produtoras e, de outro, temos a indústria da computação e software. Entre elas, temos as empresas de telefonia, operadoras de TV a cabo e satélite provendo novas possibilidades de acesso ao conteúdo audiovisual.

3.3.5 O Diálogo das Mídias

Nesse cenário de convergência, onde as grandes mídias dialogam, o design de interfaces é fundamental como facilitador deste diálogo. Para que isso ocorra, é necessário que o designer compreenda as transformações tecnológicas e incorpore no projeto as mudanças de paradigmas que vêm com essas transformações. As expectativas dos telespectadores em relação às mídias também mudam nesse cenário, pois eles passam a ser usuários, podendo participar ativamente em uma rede de comunicação.

Nas redes com as quais os usuários já têm contato pelo celular, games e internet, já se está criando o hábito da interação com as mídias por meio de interfaces bastante complexas. O design de interfaces para TV Digital deve não apenas facilitar o acesso à tecnologia, contribuindo para a usabilidade da TV, mas permitir a interatividade do telespectador como participante do processo. Para isso, deve olhar para inovações nas interfaces das outras mídias e propor caminhos, já que, para que não haja ruído nesse diálogo, essas interfaces devem ser transparentes e simples, de modo que cumpram seu papel sem interferir na mídia e no diálogo.

3.4 Controles e interfaces

No início da história da TV, fabricantes de aparelhos receptores de TV nos EUA, como a RCA e Dumont, também produziam programas de TV. Uma matéria na revista *Business Week* especulava que a Dumont passou a produzir programas como forma de incentivar a venda de seus aparelhos. A empresa acabou fechando as suas portas em 1955 diante da competição das emissoras de rádio, como a RCA, NBC e CBS, que se estabeleceram como as três redes de TV que dominaram o mercado televisivo nos EUA por décadas (AUTER; BOYD, 1995). Embora o controle remoto já existisse desde os anos 1950, a sua invenção na época não parece ter tido um impacto significativo na competição das três redes, que disputavam entre si a frequência de VHF (canais 2 a 13). O grande impacto do controle remoto ocorreu nos anos 1980 e 1990, com o advento da TV a cabo, que, ao oferecer centenas de canais, promoveu uma transformação radical nos hábitos dos telespectadores.

Esse período de crescimento da TV a cabo coincide com a popularização do videocassete, dos videogames e com a introdução dos computadores pessoais para uso doméstico, que em grande parte foi propulsionada pela facilidade de operação promovida pelas interfaces gráficas e o mouse. O controle remoto como dispositivo de comando que permite a troca de canais e o ajuste de volume cumpria sua função no contexto da TV a cabo, mas passa a ser bastante limitado a outras atividades que começam a ser realizadas na TV como a operação de videogames que dependiam de controles projetados especificamente para os jogos. A introdução, nos anos 1990, de novas plataformas que permitiam a interatividade na TV, como a WebTV da Microsoft, dependia da utilização de novas formas de comando, como um teclado sem fio para acesso a e-mail.

Com a oferta da indústria da telefonia celular de uma gama de possibilidades de interação em uma plataforma miniaturizada, há uma aceitação pelo usuário da hibridização do uso do teclado telefônico como forma de comando e entrada de dados mediante a utilização das teclas do telefone e de sua equivalência alfanumérica, como é o caso de sua utilização para o envio de mensagens SMS, jogos, acesso a serviços de dados e a operação de funções introduzidas nos aparelhos celulares como fotos, agenda, despertador etc. Poderia prever-se que a hibridização do uso das funções das teclas do controle remoto passasse a ser aceita como decorrência da prática encontrada no uso dos celulares.

No entanto, o controle remoto torna-se cada vez mais limitado para desempenhar o comando das funções advindas da extensão da capacidade da TV ao convergir com novas plataformas de entretenimento. Um dos motivos talvez seja a necessidade de se utilizarem controles simples na TV, em razão de a natureza da atividade ser passiva, mesmo que as tarefas que se propõe realizar na TV passem a ser cada vez mais complexas. O que ocorre é justamente o inverso: os controles remotos tornam-se gradativamente mais complexos, não há padronização como nos teclados dos celulares, as informações dos menus apresentadas na tela são de difícil navegação. Essa

Design para Mídias Convergentes – Interação e Identidade

situação não é condizente com a atividade do telespectador, que tem a expectativa de ligar a TV, reclinar no sofá, assistir à TV, a um video ou jogar um game. Esse talvez seja um dos maiores dilemas da indústria neste momento e um grande desafio para os designers.

3.4.1 Design e Plataformas Abertas – dispositivos midiáticos híbridos

Até recentemente, os meios de recepção de mídias analógicas requeriam conteúdos específicos para cada dispositivo; mais que isso, esses dispositivos eram projetados para realizar uma função específica: por exemplo, uma TV era projetada para receber e exibir programas de TV, um telefone somente possibilitava realizar conversas telefônicas, um cinema permitia projetar filmes, um jornal para ler notícias, o correio para mandar cartas e assim por diante. A troca de informação e a difusão de ideias davam-se por canais específicos e a mensagem era codificada da forma mais eficiente para cada meio de comunicação.

Hoje, os dispositivos de recepção midiática têm suas funções mutáveis por software, cuja operação, na maioria dos casos, ocorre através de interfaces gráficas projetadas por designers que não estão envolvidos nem com a especificação do software pelos engenheiros, nem com o designer de produto que resolve as linhas externas de um aparelho midiático como uma TV. Esses designers raramente se envolvem com a relação do usuário e a tecnologia, muito menos com um aspecto importante na utilização do produto que estão projetando: o conteúdo midiático. Os programas, softwares e games são o objetivo final da utilização de um aparelho de mídia eletrônica e definem a experiência da utilização por parte dos usuários.

O processo de produção de conteúdo audiovisual e interativo envolve engenheiros, programadores, roteiristas e designers, mas, na maioria dos casos, não há uma integração dos participantes do desenvolvimento de conteúdo com os desenvolvedores das plataformas onde serão mediados esses conteúdos.

Por exemplo, no caso da produção de programas de TV, vemos o designer gráfico e o cenógrafo desenvolverem uma ambientação para esse conteúdo através de vinhetas, tipografia, grafismos e cenários. Com esses elementos o designer cria a identidade de um programa ou canal de TV, com a interatividade surgem novos aspectos do design que fazem parte do produto, como a identidade de um canal no EPG e os menus de navegação de um aplicativo para celular relacionado ao programa de TV; o conjunto desses elementos passa a constituir o *design total* do produto TV.

Até recentemente, o envolvimento de um designer com o conteúdo de uma mídia eletrônica estava refém da tecnologia implantada e servindo usualmente à narrativa, portanto raramente era possível interferir na tecnologia. Nas artes plásticas, vemos um pioneirismo nesse sentido na obra do artista coreano Nam June Paik (MARTIN, 2006), que, ao colocar ímãs em um aparelho de TV, distorce as imagens na tela e, mais tarde, utiliza sintetizadores para interferir na imagem transmitida.

A arquitetura, ao dominar a tecnologia da construção, passa a poder interferir no espaço construído de modo que expresse ideias e conceitos, desafiando os materiais e a natureza. A partir do momento em que o software define a função do hardware e as mídias estão digitalizadas, o designer ganha um novo papel que vai além dos aspectos formais do objeto, seja ele bidimensional ou tridimensional, estanque ou sujeito a alterações temporais.

Bill Moggridge (2007), designer e sócio do estúdio de design IDEO, relata em seu livro *Designing Interactions* que, após completar o projeto de um dos primeiros computadores laptop, ele teve a chance de utilizar o produto pronto pela primeira vez. Nesse momento, ele percebeu que existia uma outra dimensão do produto que transcendia o design, a ergonomia e a funcionalidade, uma dimensão totalmente virtual: ele referia-se ao sistema operacional do laptop e aos programas que rodavam nele, os quais possibilitavam realizar diversas tarefas independentes daquelas incorporadas ao objeto que haviam desenvolvido. A interface gráfica e os softwares instalados possibilitavam uma experiência que transcendia a forma do objeto e permitia múltiplas funcionalidades.

3.4.2 Narrativas e Metáforas, o Design de Dispositivos Midiáticos

Hoje não basta mais o designer de um produto interferir para solucionar a forma de um objeto com base na função deste; um telefone celular pode ser em alguns instantes uma câmera fotográfica e, em outros, um tocador de música. O designer passa a estar envolvido em uma narrativa, na qual se possibilita ao usuário ter uma experiência com um objeto, com o objetivo de se realizar algo.

Por isso, o designer tem um papel semelhante ao de um arquiteto, no sentido em que deve buscar resolver sistemas complexos e apresentá-los de modo familiar e compreensível ao usuário. Este, por um lado, deseja que a tecnologia seja transparente, ou seja, que ela não interfira na sua utilização. Nós vivemos e utilizamos nossas casas sem ter de nos preocupar com os métodos empregados em sua construção, mas por outro lado devemos "compreendê-la" de modo que sejamos capazes de manter e transformar nosso espaço construído.

No caso das novas tecnologias baseadas no "binômio" hardware/software, existe uma *curva de aprendizado* para se utilizar uma função específica. Por mais intuitiva que a interface de um celular seja, dificilmente conseguimos utilizar a câmera fotográfica que está embutida nele sem que leiamos alguma instrução; em comparação, para utilizar uma câmera instamatic, bastava girar uma manivela e apertar um botão para tirar uma foto. Para exemplificar, vejamos que funcionalidade da câmera em um celular pressupõe uma narrativa e diálogos entre o equipamento e o usuário, como este:

(desbloquear)
– O que você quer fazer?
– Tirar uma foto.
O desenho de uma máquina fotográfica reflex surge no canto superior da tela.
Você demora para tomar uma ação e a câmera diz:
– Esperando.
Ao pressionar uma tecla, surge na tela a pergunta:
– Continuar? Ajuda? Sair?
Você decide continuar e o celular pergunta:
– Definir como papel de parede? Renomear a imagem?
Definir como imagem de chamada de um contato?
Você responde:
– Designar o contato.
– Qual contato?
Você muda de ideia e aparece uma figura representando um envelope, uma seta sobre um globo e uma lata de lixo, você escolhe a lata de lixo e a câmera pergunta:
– Excluir?

Você responde:

– Sim.

Neste momento, você se despede da máquina fotográfica, que desaparece dizendo:

– Bye, bye.

O celular antes de adormecer aproveita para lhe dizer:

– São 19:44, não há nenhuma mensagem nova no seu telefone, mas no seu *Gmail* existem três "cartas" eletrônicas.

A tela do celular escurece e a imagem de um envelope com o numero 3 estampado fica piscando ocasionalmente.

Como vemos nessa narrativa, uma sequência de ações e diálogos possibilita ao usuário utilizar o celular como uma máquina fotográfica, enviar a foto para alguém ou mesmo guardá-la na sua agenda telefônica para lembrar-se de um amigo. Nesse caso, o usuário decidiu jogar a imagem no lixo e ignorou a chegada de e-mails na caixa postal, mesmo assim o celular irá continuar avisando-o que ele não foi abrir sua caixa de correio.

Esse exemplo ajuda a explicitar como uma narrativa define um produto que está dentro de um sistema complexo. Para que esse sistema seja compreensível, ele depende da representação de ações conhecidas e que fazem parte de nossa cultura. Com isso criamos repertórios que nos permitem realizar ações; os designers utilizam o repertório para transformar a tecnologia, ou melhor, o código/software em um produto, nesse caso uma câmera. No caso, o usuário recebeu três e-mails representados por um envelope; o que ocorreria se em determinada cultura ou mesmo no futuro envelopes deixassem de representar a forma de enviar mensagens de texto à distância?

3.4.3 Software e Cultura

Como um designer resolverá a funcionalidade de um produto se os códigos de outra cultura não permitirem a compreensão de uma narrativa? Ou mesmo o que irá acontecer se na nossa cultura perdermos nossa herança histórica? Na narrativa que acabo de descrever, utilizava-se a imagem de uma máquina fotográfica para representar que naquele momento se estava tirando uma foto; em outro momento, apareceu um envelope em que poderíamos colocar a foto para enviá-la a alguém.

Isso nos faz levantar a seguinte questão: será que uma criança que não conhece uma máquina fotográfica não sabe que está utilizando uma máquina fotográfica no celular? Aparentemente ela é curiosa o suficiente para prosseguir na narrativa e apertar um "botão" (que também pode ser virtual) e "tirar uma foto"; então essa criança irá associar essa ação que resulta em uma imagem estática a um ícone que se assemelha a uma câmera fotográfica dos anos 1960 que, quem sabe, um dia, irá conhecer em uma feira de antiguidades.

Vejamos que software requer narrativas, de modo que ele venha a interferir em nossa realidade. Esses pequenos scripts armazenados no software traduzem diversas funções, e eles são os módulos através dos quais um designer pode construir um programa e um programa pode substituir um objeto, como um despertador, uma câmera ou um gravador. No caso da TV, que é um objeto que possibilita receber narrativas por excelência, uma das primeiras perguntas é: o telespectador quer interferir nessas narrativas e em qual nível?

O telespectador que passivamente assiste a um programa na TV se deixa não só levar pela narrativa, mas permite que o meio "defina" sua imaginação. Assim como no cinema, a TV "define" o mundo dessa narrativa, nela os personagens têm cara, cor e entonação, os ambientes têm forma, luz e se caracterizam como espaço, ao passo que em um livro, e mesmo no teatro, ainda há muito espaço a ser construído pela imaginação. No entanto, para chegar a esse espaço passivo e se submeter a uma narrativa, o espectador teve que tomar certas decisões como ligar a TV, escolher um canal, posicionar-se em uma sala e assumir uma atitude, seja uma que exige uma atenção parcial como a de quem assiste ao telejornal no fundo enquanto realiza outra tarefa, ou coletivamente com amigos ou em família ao assistir à novela ou a um jogo de futebol.

A TV de modo geral é uma atividade social: o espectador pode ser passivo em relação à mídia, mas ele é ativo em seu espaço real ao interagir com outros espectadores. Esta interação pode ser síncrona, ao torcer e fazer comentários durante um jogo de futebol, ou assíncrona, ao comentar um capítulo de novela ou seriado após a sua exibição. No caso do cinema, uma das diferenças dos aspectos sociais da TV é que, embora a sala de exibição seja coletiva, a experiência é individual, pois há uma imersão total do espectador.

Com as novas mídias digitais, a distinção entre o consumo dessas formas de entretenimento passa a ser definida muito mais pelo tipo de experiência e a relação espacial com a mídia do que com a tecnologia de exibição ou o dispositivo em si. Ou seja: ao escurecer uma sala e ficar em silêncio durante 120 minutos, pode-se assumir que se está assistindo a um filme, seja em um cinema, na sala de estar ou em um avião. Ao assistir a um jogo de futebol, seja em um telão como o de um cinema, no celular ou no ônibus, se está assistindo à TV.

E, finalmente, quando duas pessoas conversam utilizando vídeo no Skype, pelo computador que está conectado ao mesmo cabo que serve para receber TV, estão realizando uma conversa telefônica, mas se uma destas pessoas utiliza a mesma webcam usada para conversar no Skype e grava vídeos descrevendo seu cotidiano e os "posta" no justin.tv ou u-stream, ela estará transmitindo um programa de TV.

Portanto, hoje, para se diferenciar entre ver TV, utilizar um computador e assistir a um filme é muito mais importante entender a atitude e postura do usuário/espectador ou mesmo o ambiente que ele cria do que o equipamento e a tecnologia utilizada. A tecnologia para essas diversas formas midiáticas é hoje essencialmente a mesma desde os primórdios do cinema e da TV: um monitor, ou seja, um display onde se pode exibir as imagens, e alto-falantes para reprodução do som, câmera e microfone que permitem captar sons e imagens, um processador/computador, ou seja, um mecanismo que possibilite codificar, decodificar e armazenar essas informações e um método de conexão permitindo receber e transmitir as informações.

3.5 Design como Facilitador do Diálogo entre as Mídias

Como vimos, a forma de se produzir TV mudou, seus conteúdos mudaram, consequentemente o design para a TV digital deve incorporar essas mudanças. Se considerarmos que assistir à TV é uma experiência que se realiza independentemente de o dispositivo ser dedicado a esse fim, a maneira de facilitar essa experiência pode assumir formas diferentes das que estamos acostumados. Essa experiência pode ser interativa, o que requer que o design de uma interface entre a máquina e o homem deva não só facilitar a interação com a máquina, mas permitir o diálogo do telespectador/usuário com a mídia e seus dispositivos, promovendo o diálogo entre as mídias.

Recapitulando, o designer que projeta interfaces para a TV Digital interativa deve levar em conta:

Design para Mídias Convergentes – Interação e Identidade

- a convergência da TV com outras mídias como internet, celular e games;
- a ubiquidade dos dispositivos inteligentes;
- os novos formatos de conteúdo e novas linguagens audiovisuais.

3.5.1 Design e Convergência

A TV, ao incorporar processadores e software em seus aparelhos e convergir com as novas mídias digitais, passa a ser uma mídia que oferece:

- comunicação bidirecional como a encontrada nos celulares, e-mail e chats;
- novas funcionalidades que permitem realizar tarefas, acessar serviços interativos e
- múltiplas experiências audiovisuais: televisão, cinema, vídeo sob demanda e videogames.

Como havia apresentado, a possibilidade de a TV oferecer essas diversas modalidades de entretenimento e serviços advém da funcionalidade de o hardware ser mutável por software. Esse software é comandado e interpretado pelo usuário ou telespectador por interfaces que são representadas primordialmente na tela da TV e conduzidas por um ou diversos controles remotos. O design dessas interfaces herda inicialmente as pesquisas já praticadas pela indústria de softwares utilizados em computadores, aparelhos eletrônicos e nos videogames. Com o amadurecimento dessa mídia convergente, essas interfaces podem tornar-se mais adequadas à utilização das novas funcionalidades em uma situação que conceituamos como a "experiência de assistir à TV".

Em lugar de mimetizar as interfaces e os procedimentos utilizados para realizar uma chamada telefônica em um celular ou enviar e-mails de um computador, o papel do designer não deve ser unicamente de adaptar essas interfaces para a visualização em uma tela de TV ou serem operadas por um controle remoto. O designer deve ter uma visão "total", ao buscar desenvolver uma interface que permita ao usuário realizar essas funções de modo que haja uma harmonia e não interfira na atividade principal, que é assistir à TV.

Por exemplo, no caso de uma conversa, seja ela textual ou por voz, pode-se conceber integrá-la de algum modo com o programa de TV a que um dos participantes da conversa está assistindo; assim, a outra parte envolvida na conversa poderá acompanhar ou mesmo interagir com o programa que está sendo transmitido. Uma vez que ocorrem diversas formas de comunicação simultâneas, ao envolver os diversos participantes, pode-se reduzir o ruído, pois ambas as partes podem referenciar diversas mídias, trazendo-as para dentro do diálogo. O YouTube permite aos usuários postar comentários sobre os vídeos, estabelecendo-se um diálogo ao referenciar um determinado vídeo que só tem sentido nesse contexto.

O desafio é fazer com que esse tipo de "diálogo", que surge nas interfaces de serviços na internet como o Skype ou Messenger e que foram projetadas para serem utilizadas individualmente em computadores, seja transposto para o universo da Televisão. Uma solução que tem sido apresentada são os widgets, como os da Yahoo TV, pequenos aplicativos sobrepostos à imagem da TV. Em sua implementação atual, esses widgets, como o do Skype, ainda não integram o conteúdo da TV que está sendo exibido em uma das telas na comunicação com o usuário remoto.

3.5.2 Design e Dispositivos Móveis

A utilização de dispositivos móveis inteligentes concomitante com a TV é uma das formas como a experiência televisiva pode ser enriquecida; eles podem ser considerados um meio de extensão da mídia televisiva. Isso já é uma realidade se pensarmos que podemos enviar torpedos de um celular que terão um impacto no desenrolar dos acontecimentos de um reality show. Um laptop pode ser utilizado para acessar um site e buscar informações sobre os atores, diretores de um determinado filme em sites na internet; canais de notícias, como a CNN, oferecem em seu site mais detalhes sobre uma matéria sendo exibida na TV, a Globo.com disponibiliza capítulos anteriores das novelas que podem ser consultados enquanto se assiste ao capítulo atual.

No paradigma da interatividade previsto nos sistemas de DTV, esperava-se que o acesso a esses serviços e informações fosse integrado à TV Digital e feito por meio do STB, utilizando o mesmo fluxo de dados do programa de TV.

E enquanto se discute que essas formas de interatividade não "decolaram" como o esperado, frustrando a expectativa de que a interatividade iria propulsionar o interesse pela TV Digital, atividades como essas, ditas interativas, já estão sendo realizadas pelo telespectador em dispositivos móveis concomitantemente com a TV. Em vez de se buscar integrar essas tarefas na plataforma da TV Digital, o design pode buscar soluções que facilitem utilizar diversas plataformas em múltiplas telas e dispositivos que dialoguem entre si.

3.5.3 Design e Novas Linguagens

Novas linguagens como as narrativas não lineares e Alternate Reality Games (ARG), advindas da cultura de rede, dos videogames e da videoarte, têm contribuído para enriquecer a experiência televisiva em um cenário de convergência. Nesse contexto, é importante lembrar que a TV é uma experiência de entretenimento, enquanto o computador ainda é percebido como uma ferramenta e associado ao trabalho.

Dispositivos digitais como celulares, tablets, mp3 players podem ter diversas funções, entre elas, jogos e vídeos, mas nem todos os usos são associados ao entretenimento. O uso destes é primordialmente individual e, ao serem conectados a uma rede, permitem interagir com outras pessoas. A TV e seus periféricos, como games e DVD players, participam do ambiente social, na sala de estar, na cozinha, no bar, no ônibus e são "consumidos" socialmente em grupos. Enquanto se desenvolvem linguagens apropriadas para esses novos dispositivos e mesmo para a web, há uma grande carência de conteúdo interativo que explore as novas possibilidades oferecidas pela hipertextualidade na TV Digital e que atenda às expectativas de entretenimento dessa mídia.

O design de interfaces para TV Digital, hoje, deve obrigatoriamente incorporar essas considerações, muitas vezes ausentes na especificação de um programa interativo ou aplicativo, que acabam transpondo o modelo de um aplicativo para o computador ou adaptando games desenvolvidos para consoles. O designer, ao compreender essas transformações e ter algum domínio dessas novas tecnologias, poderá estar capacitado para propor novos produtos e não somente reagir às demandas da indústria. Desenvolver interfaces para TV Digital não se limita a diagramar e resolver visualmente a navegação de um Guia Eletrônico de Programação (EPG) ou solucionar os menus interativos de um programa.

Um designer atuando na TV Digital deixa de ser somente um comunicador visual que resolve os desafios trazidos por produtores e executivos de TV. Ele deve ser pró-ativo, propondo novas ideias, e sua capacidade de unir, manipular imagens utilizando novas tecnologias e narrativas interativas é essencial para o desenvolvimento de novas formas de assistir à TV e interagir com ela.

Pioneiros do design para cinema e televisão, como Saul Bass e Harry Marks, não só dominavam a linguagem visual, mas também compreendiam a importância do movimento. Designers de interfaces gráficas passaram a ter que dominar software e aprender princípios de usabilidade. Os futuros designers digitais irão atuar na totalidade do design de produtos inseridos em sistemas cada vez mais complexos.

Designers têm se preocupado em projetar objetos, transformando materiais, por mais de um século, desde a revolução industrial, e seu papel tem se tornado cada vez mais importante na sociedade atual. O designer gráfico, no entanto, tem se dedicado ao longo dos tempos à comunicação visual propriamente, mas raramente também atua como um inventor de produtos. Há uma intersecção entre a experimentação da linguagem das novas mídias, design de interfaces gráficas, design de programas de computadores, design de sites ricos em mídias audiovisuais e design em movimento (motion graphics) que irá definir os caminhos do design para a TV Digital.

Embora a televisão também tenha se segmentado de forma extrema com o advento da TV a cabo, pensar o design para a TV Digital pode ser extremamente limitado porque os padrões estabelecidos para o meio são bastante rígidos e restritivos, em oposição à flexibilidade e modularidade encontradas na indústria de computação. O designer, embora deva conhecer as normas em vigor, não deve restringir-se aos parâmetros estabelecidos.

Como ponto de partida, pode-se pensar em modelos de interação e criar experiências. Quando Brenda Laurel (1993), em seu livro *Computers as Theater*, sugere que o designer de interfaces deva encarar o "computador como uma mídia e não apenas uma ferramenta", o mesmo pode ser aplicado à TV Digital, pois ela é em essência um computador, e este não é apenas um objeto que realiza certas funções como uma batedeira, ou mesmo diversas funções como um canivete suíço; o computador é um espaço de comunicação, de interação e simulação.

As soluções apresentadas pelos designers devem, de modo transparente e natural, promover o diálogo entre as mídias, os usuários e as máquinas através de interfaces. Essas interfaces requerem controles que facilitem a interação entre as mídias, ao consolidar o comando e as linguagens de diversas mídias.

O Papel do Designer na TV Digital

4

A introdução da TV Digital no Brasil ocorre simultaneamente com a convergência das mídias digitais, o que provoca no público certa dificuldade em distingui-la de outras formas de distribuição de conteúdo audiovisual. Embora a plataforma da TV Digital seja distinta da internet, creio que as especificações do SBTVD são suficientemente abertas para viabilizar a fusão com outras plataformas conectadas à internet e consolidar a convergência. Na prática, mudanças como essas tardam a ocorrer por força de interesses comerciais e políticos, mas (possivelmente) acabam concretizando-se devido a demandas dos usuários.

Avanços no campo do design de interação como as interfaces gráficas do usuário impulsionaram o uso de computadores pessoais e consequentemente o acesso à internet. Recentemente interfaces tangíveis e melhor resolução das telas dos celulares equipados com microprocessadores (smartphones) têm popularizado o uso destes em atividades antes restritas a computadores.

A digitalização impulsionou a utilização de mídias audiovisuais em sistemas e serviços digitais interativos, dando lugar a plataformas híbridas. Esta multifuncionalidade faz com que a distinção entre as mídias fique a cargo de interfaces simuladoras das mídias analógicas.

Nesse cenário, um dos grandes desafios dos produtores de conteúdo é a indexação da produção (ou mídia) audiovisual, facilitando sua busca e organização na miríade de dispositivos de recepção midiática que permeiam nosso ambiente. A programação televisiva atual é dominada por um modelo de distribuição vertical controlado por grandes grupos de mídia, que se encarregam de sua indexação e organização, tendo como consequência a redundância das fontes de conteúdo.

O paradigma (de convergência) televisivo proposto neste trabalho pressupõe o compartilhamento do conteúdo pelos usuários. Nesse modelo, os produtos audiovisuais podem residir em repositórios de mídia na internet. Essa tendência ressalta a importância de mecanismos de busca, despertando o interesse de empresas como Google e Yahoo em competir com as mídias estabelecidas.

Uma das características primordiais da televisão é o entretenimento, distinguindo-a das plataformas computacionais. Com a convergência, computadores deixam de ser associados unicamente a atividades produtivas, adquirindo o status de uma nova mídia. A TV Digital é essencialmente um computador, cuja identidade como mídia é determinada pela interface do usuário, o que enfatiza o papel do design em definir espaços midiáticos.

Os dispositivos digitais e suas interfaces são aspectos visíveis da convergência alimentados por novos formatos de conteúdo em que a linguagem é resultado de inovações tecnológicas. User-generated-content, life-casting, mash-ups e remixes compõem um repertório de conteúdo digital que tira a atenção dos telespectadores. Redes sociais, serviços de localização geográficas e identificação, quando combinados com bases de dados, mapas e repositórios de vídeos, abrem possibilidades narrativas que transcendem o espaço cênico clássico adotado pelo cinema e pela televisão.

Enquanto a produção de programas interativos para TV Digital não se libertar dos paradigmas atuais, há pouco futuro para a TV Digital interativa, confrontada com o dinamismo das mídias emergentes. Assim como o cinema e a televisão incorporaram a dramatização teatral em novos suportes, games e redes sociais aglutinam a produção audiovisual em plataformas concebidas para serem interativas, colocando-as em posição "vantajosa" com relação à TV Expandida, na qual a interatividade não costuma integrar a produção de um programa de TV.

Do mesmo modo que o surgimento da fotografia não substituiu a pintura, filmes e minisséries continuarão a existir, portanto, o surgimento de novas mídias não torna obsoletas as mídias anteriores.

Nos anos 1970 e 1980, a operação de equipamentos gráficos nos estúdios de TV era realizada por técnicos sem formação em design visual. Nos anos 1990, a TV a cabo passou a competir com as redes de TV aberta, trazendo a necessidade de aprimorar a sua identidade, tendo como consequência o amadurecimento do Design Televisual. Fato similar ocorreu com a web, em que o layout das páginas visualizadas nos primeiros browsers era limitado a poucas opções encontradas na linguagem HTML, mas, com a introdução dos Cascading Style Sheets (CSS), designers gráficos passaram a atuar no projeto de páginas da internet, trazendo consigo o refinamento da mídia impressa.

O design de interação para TV Digital é uma atividade multidisciplinar, e exige a capacitação dos profissionais em diversas disciplinas: Design de Produto (Desenho Industrial), Design da Experiência do Usuário (UX), Design de Interfaces Gráficas, nas técnicas de animação e nos processos de produção de software e programas de TV.

No início, designers atuantes no campo da televisão tiveram que dominar a arte do movimento, depois designers de interfaces passaram a ter que compreender o processo de produção de software e sua usabilidade. Futuros designers digitais terão que versar em programação, prosa e emoção. O domínio da programação permite que o designer não seja refém das convenções do software utilizado na criação, ou seja, ao escrever seu próprio código, o designer pode manipular diretamente a informação sem intervenção do ponto de vista de outro programador. A interação entre o homem e os computadores pressupõe um diálogo, seja textual ou visual, o que requer a capacidade de se elaborar um discurso. Assumindo que a TV é associada ao entretenimento, soluções meramente funcionais são descabidas em um contexto em que se buscam emoções e prazer.

Referências

ABRAMS, Janet. Muriel Cooper's Visible Wisdom. *ID Magazine*, September-October, 1994.

ALBERONE, Maurilio. Será que estamos preparados para a TV social mudar a forma como assistimos à televisão? *Site imasters.com.br*, 13 maio 2010.
Disponível em: <http://imasters.com.br/artigo/ 16850/tvdigital/sera_que_estamos_preparados_para_a_tv_social_mudar_a_forma_como_assistimos_a_televisao/>. Acesso em: 14/01/2011.

ALENCAR, Marcelo S. *Televisão digital*. São Paulo: Érica, 2007.

ALMAS, Almir Antonio Rosa. *Televisão Digital Terrestre:* sistemas, padrões e modelos. Tese (Doutorado) – Pontifícia Universidade Católica de São Paulo, São Paulo, 2005 (Orientador: Arlindo Ribeiro Machado Neto).

ANDERSON, Chris; WOLFF, Michael. The Web Is Dead. Long Live the Internet. *Wired Magazine*, September 2010. Disponível em: <http://www.wired.com/magazine/2010/08/ff_webrip/all/1>. Acesso em: 30/11/2010.

APPLE. *iPhone Human Interface Guidelines*, 2010. Disponível em: <http://developer.apple.com/library/ios/#documentation/userexperience/conceptual/mobilehig/Introduction/Introduction.html>. Acesso em: 23/12/2010.

APPLE. *iPhone User Interface Design* (iPhone Development Essential Videos). Apple Inc., Cupertino, 2010.

AUTER, Philip. J.; BOYD, Douglas A. Dumont. The Original Fourth Television Network. *Journal of Popular Culture*, Ohio, 1995.

BARROS, Gil. Com quantos chapéus se faz um arquiteto?. In: 3º EBAI – Encontro Brasileiro de Arquitetura de Informação, 2009. Disponível em:
<http://www.congressoebai.org/index.php/2009/com-quantos-chapeus-se-faz-um-arquiteto/10>. Acesso em: 29/11/2010.

BARROS, Gil. *A Consistência da interface com o usuário para a TV interativa*. Dissertação (Mestrado) – Departamento de Engenharia de Sistemas Eletrônicos, Escola Politécnica da Universidade de São Paulo, São Paulo, 2006 (Orientador: Prof. Dr. Marcelo Knörich Zuffo).

BARTHES, Roland. *S/Z*. Paris: Seuil, 1970.

BAUDRILLARD, Jean. *O sistema dos objetos*. São Paulo: Perspectiva, 1973.

BECKER, Valdecir. *Plano de Comunicação do SB-TVD*. Brasília, MC, 2005.
Disponível em: <http://sbtvd.cpqd.com.br/cmp_tvdigital/divulgacao/anexos/57_124_SBTVD_Release_12de.pdf>. Acesso em: 20/11/2009.

BECKER, Valdecir; MORAES, Áureo. *A necessidade da inovação no conteúdo televisivo digital:* uma proposta de comercial para TV interativa. Disponível em: <http://www.tvdi.inf.br/upload/artigos/a-scpdi_03.pdf>. Acesso em: 16 maio 2010.

BENEDIKT, Michael. *Cyberspace*: First Steps. Cambridge: MIT Press, 1991.

BOLTER, Jay David; GRUSIN, Richard. *Remediation:* Understanding New Media. Cambridge: MIT Press, 2000.

BRENNAND, Edna; LEMOS, Guido. *Televisão Digital Interativa:* reflexões, sistemas e padrões. São Paulo: Ed. Mackenzie, 2007.

BRUNNER, Jerome. *Towards a Theory of Instruction*. Cambridge: Belkapp Press, 1966.

BULKELEY, William M. *TR10*: Social TV – Relying on relationships to rebuild TV audiences. *10 Emerging Technologies 2010 MIT Technology Review*, may/june 2010. Disponível em: <http://www.technologyreview.com/communications/25084/>. Acesso em: 14/1/2011.

BURROUGHS, William. *The Cut-Up Method of Bryan Gysin*, Sterling Lord, 1978 (in WARDRIP-FRUIN, Nick; MONTFORT, Noah (Ed.). *The New Media Reader*. Cambridge, MIT Press, 2003).

BUSH, Vannevar. As We May Think. *The Atlantic Monthly*, p. 101-108, july 1945.

CAPANEMA, Rafael. Ainda protótipos, TVs 3D chegam mais perto das casas. *Folha de S.Paulo*, 14/01/2010. Disponível em: <http://www1.folha.uol.com.br/folha/informatica/ult124u489871.shtml>. Acesso em: 16/2/2010.

CARUSO, Denise. Debate over advanced TV gives the F.C.C. a chance to be assertive. *New York Times*, New York, June 17, 1996. Disponível em: <http://www.nytimes.com/1996/06/17/business/technology-digital-commerce-debate-over-advanced-tv-gives-fcc-chance-be.html?src=pm>. Acesso em: 17/2/2011.

CHUNG, Johnny Lee. In search of a Natural Gesture. Journal, *XRDS: Crossroads, The ACM Magazine for Students, The Future of Interaction*, Vol. 16 Issue 4, Summer 2010, New York, ACM, 2010.

CHORIANOPOULOS, Konstantinos; SPINELLIS, Diomidis. User Interface Evaluation of Interactive TV: A Media Studies Perspective, *Universal Access in the Information Society*, Vol. 5, Issue 2, july 2006, pp. 209-218, 2006.

COOPER, Muriel. Computers and Design. *Design Quarterly*, v. 142, 1989.

COTTON, Bob; OLIVIER, Richard. *Understanding Hypermedia*. London: Phaidon, 1993.

CRUICKSHANK, Leon; SEKLEVES, Emmanuel T.; WHITHAM, Roger; HILL, Annette; KONDO, Kaoruko. *Making Interactive Tv Easier To Use*: Interface Design For A Second Screen Approach. Uxbridge; Harrow, UK: Brunel University, Westminster University, 2007.

CRUZ, Renato. *TV digital no Brasil:* tecnologia versus política. São Paulo: Senac, 2008.

CRUZ, Vítor Medina; *MORENO*, Marcio Ferreira; SOARES, Luiz Fernando Gomes.*Ginga-NCL:* implementação de referência para dispositivos portáteis. Pontifícia Universidade Católica, Rio de Janeiro, 2008. Disponível em: <ftp://ftp.telemidia.puc-rio.br/~lfgs/docs/conferencepapers/2008_10_vitor.pdf>. Acesso em: 20/5/2010.

CUCCUREDDU, Gianluigi. *Can Event-Based Social Networks further diffuse Social TV?* App Market TV, 22/07/2010. Disponível em: <http://www.appmarket.tv/opinion/469--can-event-based-social-networks-further-diffuse-social-tv.html>. Acesso em: 14/01/2011.

CURRAN, Steve. *Convergence Design*. Boston: Rockport, 2003.

DIZARD, Wilson. *A nova mídia, a comunicação de massa na era da informação*. Rio de Janeiro: Zahar, 2000.

DELEUZE, Gilles. *Mille Plateaux*. Paris: Les Editions de Minuit, 1976.

Referências

DTV. *Site Oficial da TV Digital Brasileira*, 2008. Disponível em: <http://dtv.org.br/materias.asp?menuid=3&id=11>. Acesso em: 24/11/2009.

DTV. *TV digital*: produção de conteúdo interativo ganha impulso neste semestre. Fonte: Tele Síntese Análise, publicado na seção de Notícias do Site DTV-Forum SBTVD. Disponível em: <http://www.dtv.org.br/index.php/tv-digital-producao-de-conteudo-interativo-ganha-impulso-neste-semestre/>. Acesso em: 14/1/2011.

DVB PROJECT 2010. *Open Middleware for Interactive TV*, DVB Fact Sheet – May 2010. Multimedia Home Platform. Disponível em: <http://www.dvb.org/technology/fact_sheets/DVB--MHP_Factsheet.pdf>.

ENGELBART, Douglas C. Augmenting Human Intellect: A Conceptual Framework (1962). In: PACKER, Randall; JORDAN, Ken (Eds.). *Multimedia:* From Wagner to Virtual Reality, Norton, 2002.

FARHI, Paul. The Inventor Who Deserves a Sitting Ovation. *Washington Post*, Saturday, February 17, 2007. Disponível em: <http://www.washingtonpost.com/wpdyn/content/article/2007/02/16/AR2007021602102.html>.

FCC – FEDERAL COMMUNICATIONS COMMISSION. DTV is coming, *Consumer Facts*, 1/3/2008. Disponível em: <www.dtv.gov>. Acesso em: 21/11/2010.

FEITOSA, Deisy Fernanda; ALVES, Kellyanne Carvalho; NUNES FILHO, Pedro. Conceitos de interatividade e aplicabilidades na TV digital. In: NUNES, Pedro (Org.). *Mídias digitais & interatividade*. João Pessoa: Editora Universitária da UFPB, 2009.

FERNANDES, Jorge; LEMOS, Guido; SILVEIRA, Gledson Elias. *Introdução à Televisão Digital Interativa:* arquitetura, protocolos, padrões e práticas. Minicurso apresentado na XXIII Jornada de Atualização em Informática do XXIV Congresso da Sociedade Brasileira de Computação. JAI-SBC – 2004. Disponível em: <http://www.cic.unb.br/~jhcf/MyBooks>.

FILGUEIRAS, L. V. L.; ALMAS, Almir; SCHLITTLER, João Paulo; OLIVEIRA NETO, João Soares de; GIANNOTTO, Eduardo; BARROS, Gil; ZUFFO, Marcelo Knorich. Processos de software para televisão digital interativa. In: FÓRUM DE OPORTUNIDADES EM TELEVISÃO DIGITAL INTERATIVA, 4., 2006, Poços de Caldas. *Anais...* Poços de Caldas: Pontifícia Universidade Católica de Minas Gerais, 2006.

GAWLINSKI, Mark. *Interactive Television Production*. London: Focal Press, 2003.

GIBSON, William. *Neuromancer*. Vancouver, 1983.

GLASER, Marc. *Your Guide to Cutting the Cord to Cable TV*. PBS Media Shift, Boston, 8/1/2010. Disponível em: <http://www.pbs.org/mediashift/ 2010/01/your-guide-to-cutting-the-cord-to-cable-tv008.html>. Acesso em: 13/10/2010.

GORIUNOVA, Olga; SHULGIN, Alexei. Glitch. *Software Studies / A lexicon*. Ed. Fuller Matthew. Cambridge: MIT Press, 2006.

GREFÉ, Richard. (FORM + Content + Context + Time) = Experience Design. *Gain – AIGA Jornal for the Network Economy*, New York, AIGA, v. 1, n. 1, 2000.

HANSEN, Vibeke. Designing for interactive television v. 1.0. BBCi & Interactive tv programmes. London: BBC, 2005.

HOINEFF, Nelson. *TV em expansão*. Rio de Janeiro: Record, 1991.

HOUAISS, Antônio; VILLAR, Mauro de Salles. *Dicionário Houaiss da língua portuguesa*. Rio de Janeiro: Objetiva, 2009.

HUDGINS-BONAFIELD, Christy. *Attack Of The $500 Killer Network Computers, Time-Warner Cable's Full Service Network,* in The H-Report, December 15, 1995.

Disponível em: <http://www.networkcomputing.com/616/616tw.html>. Acesso em: 17/11/2010.

HURLEY, Shonagh. *The Music Industry and The Internet*: A Study. Thesis (for the Masters of Multimedia) – University of Dublin, Ireland, 2006.

JAMESON, Frederic. *Post modernism or The Cultural Logic of Late Capitalism*. Verso, 1991.

JENKINS, Henry. *Convergence Culture, Where Old and New Media Collide*. NYU Press, 2007. Disponível em: <http://www.convergenceculture.org/weblog/white_papers/>. Acesso em: 25/11/2010.

JENKINS, Henry; LI, Xiachang; KRAUSKOPF, Domb. *If it doesn't spread it's dead*. White Paper, Convergence Culture Consortium, MIT, 2008.

JOHNSON, Steven R. *Interface Culture*. New York: Basic Books, 1999.

JOHNSON, Steven. *Cultura da Interface*. Rio de Janeiro: Zahar, 2001.

JOOR, Dirkjan; BEEKHUIZEN, Wilco; VAN DE WIJNGAERT, Lidwien; BAAREN, Eva. The Emperor's Clothes in High Resolution: An Experimental Study of the Framing Effect and the Diffusion of HDTV. *Computers in Entertainment (CIE)* – SPECIAL ISSUE: TV and Video Entertainment Environments archive, Utrecht University e Twente University, v. 7, n. 3, article 40, set. 2009.

JORDÀ, Sergi; JULIÀ, Carles F.; GALLARDO, Daniel. Interactive Surfaces and Tangibles. Journal, *XRDS: Crossroads, The ACM Magazine for Students, The Future of Interaction*, Vol. 16, Issue 4, Summer 2010, New York, ACM, 2010.

JOVANELI, Rogerio. 3D na TV aberta, *INFO Online* (26/02/2010), *Info.abril.com.br*. Disponível em: <http://info.abril.com.br/noticias/mercado/redetv-realiza-primeira-transmissao-ao-vivo-18052010-15.shl>. Acesso em: 26/5/2010.

KARAMCHEDU, Raj. *Does China Have the Best Digital Television Standard on the Planet?* May 2009. Disponível em: <http://spectrum.ieee.org/consumer-electronics/standards/does-china-have-the-best-digital-television-standard-on-the-planet/2>. Acesso em: 10/1/2010.

KAVANAGH, Eric. *The Future Of Television*: When Will The Gates To High-Definition TV Swing Open? New Orleans, November 18th, 1996.
Disponível em: <http://www.mobiusmedia.com/FutureTV.htm>. Acesso em: 14/11/2010.

KAY, Alan. User Interface – A Personal View. In: LAUREL, Brenda (Org.). *The Art of Human Computer Interface Design*. Addison Wesley, 1990.

KLYM, Natalie; MONTPETIT, Marie José. Innovation at the Edge: Social TV and Beyond. MIT CFP – VCDWG Working Papers. *MIT Technology Review*, 2008. Disponível em: <http://www.technologyreview.com/communications/25084/?a=f>. Acesso em: 19/4/2010.

KRUGER, Myron, Texto de apresentação da exposição *Touchware*, Siggraph, 1998.
Disponível em: <http://www.siggraph.org/art-design/gallery/S98/pione/pione3/krueger.html>. Acesso em: 23/12/2010.

KNEMEYER, Dirk; SVOBODA, Eric (2007). *User Experience – UX*, em Interaction-Design.org. Disponível em: <http://www.interaction-design.org/encyclopedia/user_experience_or_ux.html>. Acesso em: 29/11/2010.

LANDOW, George. *Hypertext*: The Convergence of Contemporary Critical Theory and Technology. Baltimore: John Hopkins, 1992.

LANDOW, George; DELANY, Paul. *Hypertext, Hypermedia and Literary Studies*: The State of the Art. Boston, Hypermedia and Literary Studies, MIT, 1991.

LAUREL, Brenda. *Computers as Theatre*. New York: Addison-Wesley, 1993.

LAUREL, Brenda (Org.). *The Art of Human Computer Interface Design*. Addison Wesley, 1990.

LEAL, Fred. 3D na TV a cabo. *Estadao.com.br*, 18 fev. 2010, Caderno Link. Disponível em: <http://blogs.estadao.com.br/link/3d-na-tv-a-cabo/>. Acesso em: 18/5/2010.

LEMOS, André. *Anjos interativos e retribalização do mundo*. Sobre interatividade e interfaces digitais, 1997. Disponível em: <http://www.facom.ufba.br/ciberpesquisa/lemos/interativo.pdf>. Acesso em: 22/12/2010.

LEONHARD, Gerd. Social Media and the Future of Football. *Media Futurist.com*, 12/03/2010. Disponível em: <http://www.mediafuturist.com/2010/03/social-media-and-the-future-of-football-slideshow.html>. Acesso em: 15/1/2011.

LÉVY, Pierre. *The Art and Architecture of Cyberspace, Collective Intelligence*. New York: Plenum, 1997.

LU, Karyn Y. *Interaction Design Principles For Interactive Television*. Dissertação (Mestrado) – Georgia Institute of Technology, 2005.

LYONS, Margaret. Videogames vs. Movies: A leader emerges... and we applaud!? *Entertainment Weekly*, 21/5/2009. Disponível em: <http://popwatch.ew.com/2009/05/21/more-people-pla/>. Acesso em: 20/11/2010.

MACHADO, Arlindo. (Org.). *Made in Brasil*: três décadas do vídeo brasileiro. São Paulo: Itaú Cultural, 2003.

MAEDA, John. *Design by numbers*. Cambridge: MIT Press, 1999.

MAEDA, John. *Laws of Simplicity*. Cambridge: MIT Press, 2006.

MANLY, Lorne. The Future of the 30-Second Spot. *New York Times Magazine*, 27/3/2005.

MARTIN, Sylvia. *Video Art*. Colonia: Taschen, 2006.

MATOS, Valter. *Usabilidade na Web e usabilidade na Televisão Interativa*. Dissertação (Mestrado) – Universidade Lusófona de Humanidade e Tecnologia, Porto, 2005.

McLUHAN, Marshall. *Understanding Media*: The Extensions of Man. New York: McGraw-Hill, 1964 (reedição MIT Press, 1994).

McSTAY, Daniel. *Challenges of Contemporary Cinematography*. Dissertação (Mestrado) – University of Westminster, 2009.

MING, Celso. O mercado de TVs e a Copa. *O Estado de S. Paulo*, 12 jun. 2010, Caderno de Economia.

MITCHELL, William J. *City of Bits*: Space, Place and the Infobahn. Cambridge: MIT Press, 1995.

MOGGRIDGE, Bill. *Designing Interactions*. Cambridge: MIT Press, 2007.

MONTEZ, Carlos; BECKER, Valdecir. *TV Digital Interativa*: conceitos e tecnologias. In: WEBMIDIA E LA-WEB 2004 – Joint Conference. Ribeirão Preto, SP, out. 2004.

MONTEZ, Carlos; BECKER, *Valdecir. TV Digital Interativa*: conceitos, desafios e perspectivas para o Brasil. Florianópolis: Ed. da UFSC, 2005.

MOREIRA, A. M.; CASTRO, I. C. A. Metodologias de Desenvolvimento: Um Comparativo entre Extreme Programming e Rational Unified Process. *CienteFico*, Faculdade Rui Barbosa, v. I, 2007.

MORRIS, Steven; SMITH-CHAIGNEAU, Anthony. *Interactive TV Standards*: A Guide to Mhp, Ocap, and JavaTV. London: Focal Press, 2005.

MURRAY, Janet. *Hamlet on the Holodeck*: The Future of Narrative in Cyberspace. Cambridge: MIT Press, 1997.

NEGRI, Antonio; HARDT, Michael. *Empire*. Cambridge: Harvard University Press, 2000.

NEGROPONTE, Nicholas. HDTV: What's wrong with this picture. *Wired*, Premiere Issue, p. 112, 1993.

NELSON, Ted. *Computer Lib*. 1976 (Edição independente do autor).

NELSON, Ted. *Literary Machines*. California: Mindful Press, 1981.

NELSON, Theodor. The Right Way to Think About Software Design. In: LAUREL, Brenda

(Org.). *The Art of Human Computer Interface Design*. Addison Wesley, 1990.

NIELSEN, Jakob. Heuristic evaluation. In: NIELSEN, J.; MACK, R.L. (Eds.). *Usability Inspection Methods*. New York: John Wiley & Sons, 1994.

NIELSEN, Jakob. *Projetando Websites*. Rio de Janeiro: Elsevier, 2000.

NIELSEN, Jakob. *Remote Control Anarchy*, Jakob Nielsen's Alertbox, June 7, 2004. Disponível em: <http://www.useit.com/alertbox/20040607.html>.

NIELSEN, J.; MOLICH, R. *Heuristic evaluation of user interfaces*. Proc. ACM CHI'90 Conf. (Seattle, WA, 1-5 April), p. 249-256, 1990.

NOLL, A. Michael. *Introduction to telecommunication electronics*. Massachussets: Artech House, 1988.

NORMAN, Donald A. *The Design of Everyday Things*. London: The MIT Press, 2000. (original: NORMAN, Donald A. *The Psychology of Everyday Things*. New York: Basic Books, 1988)

NORMAN, Donald A. *The Perils of Home Theater*. Artigo. Jnd.org, 2001. Disponível em: <http://www.jnd.org/dn.mss/the_perils_of_h.html>. Acesso em 20/2/2011.

NORMAN, Donald A. *Emotional design: why we love (or hate) everyday things*. Basic Books, 2004.

NORMAN, Donald A. Natural User Interfaces are Not Natural. *Interactions*, v. XVII. p. 6, may/jun. 2010.

NORMAN, Don; NIELSEN, Jakob. Gestural Interfaces: A Step Back in Usability. *Interactions*, ACM, v. XVII, n. 5, Sept.-Oct. 2010.

NOVAK, Marcos. Liquid Architectures for Cyberspace. In: BENEDIKT, Michael. *Cyberspace*: First Steps. Cambridge: MIT Press, 1991.

NUNES, Pedro (Org.). *Mídias Digitais & interatividade*. João Pessoa, Editora Universitária da UFPB, 2009.

ODLYZKO, Andrew. Long live the Internet. *Infografia, Revista Wired*, set. 2010.

OLIVEIRA, Bruno Dias de; BARBOSA, Hildegard Paulino; SILVA, Julio César Ferreira; TAVARES, Tatiana Aires. *Uma casa no controle da TV*: Desenvolvimento de um Programa para TV Digital para Controle de Dispositivos Domésticos. Artigo apresentado no Interaction '09 | South America (IXDSA), 2009.

OLIVEIRA, Cícero Carlos de; CARVALHO, Lincoln Almendra; JÚNIOR, Rufino da Silva Ribeiro. *Tv Digital*: Panorama Internacional e Perspectivas para o Brasil. Monografia – UNB, Brasília, 2006 (orientador: Prof. Jacir Bordim). Disponível em: <http://www.cic.unb.br/ ~bordim/TD/Arquivos/G01_Monografia.pdf>. Acesso em: 4/4/2010.

PACKER, Randall; JORDAN, Ken (Eds.). *Multimedia*: From Wagner to Virtual Reality. Norton, 2002.

PAPERT, Seymour. *Mindstorms*: Children, Computers, and Powerful Ideas. New York: Basic Books, 1980.

PAVONI JUNIOR, Gilberto. 2014: a Copa multiplataforma. *IT Web*, 18/8/2009. Disponível em: <http://www.itweb.com.br/noticias/index.asp?cod=60132>. Acesso em: 15/1/2011.

PECK, Evan; CHAUNCEY, Krysta; GIROUARD, Audrey; GULOTTA, Rebecca; LALOOSES, Francine; TREACY, Erin Solovey; WEAVER, Doug; JACOB, Robert. From brains to bytes. Journal, *XRDS: Crossroads, The ACM Magazine for Students, The Future of Interaction*, Vol. 16 Issue 4, Summer 2010, New York, ACM, 2010.

PEREIRA, Lívia Cirne de Azevedo; BEZERRA, Ed. Pôrto. Televisão digital: do Japão ao Brasil. *Culturas Midiáticas*, UFPB, ano I, n. 1, jul./dez. 2008.

PINHEIRO, Mauro. Do design de Interface ao design da experiência. *Revista Design em Foco*, Salvador, v. IV, n. 2, jun./dez. 2007.

Referências

PREECE, Jennifer; ROGERS, Yvonne; SHARP, Helen. *Design de Interação*: além da interação homem-computador. Porto Alegre: Bookman, 2005.

PRIMO, ALEX. *Interação mediada por computador*. Porto Alegre, Sulina, 2008.

ROYO, Javier. *Design Digital*. São Paulo: Rosari, 2008.

SCHLITTLER-SILVA, J. P. A. O designer e a TV no Brasil: anos 1970 e anos 1980. In: CONGRESSO INTERNACIONAL DO DESIGN DA INFORMAÇÃO, 4., 2009. Rio de Janeiro. Pesquisa científica em design da informação, p. 523-528.

SHNEIDERMAN, Ben. Direct manipulation: a step beyond programming languages. *IEEE Computer*, 16(8), p. 57-69, August 1983.

SILVA, Sivaldo Pereira da. TV Digital, democracia e interatividade. In: NUNES, Pedro (Org.), *Mídias Digitais & interatividade*. João Pessoa: Editora Universitária da UFPB, 2009.

SIQUEIRA, Ethevaldo. *Curtindo a Copa numa super TV*. Blog de Ethevaldo Siqueira, 14 de junho de 2010. Disponível em: <http://www.ethevaldo.com.br/Generic.aspx?pid=2735>. Acesso em: 23/8/2010.

SOARES, Luiz Fernando G.; BARBOSA, Simone D. J. *Programando em NCL 3.0: desenvolvimento de aplicações para o middleware Ginga*. Rio de Janeiro: Campus, 2009.

SONG, Jian. *The Latest Development of Chinese Terrestrial DTV Standard*. DTMB DTV Technology R&D Center, Tsinghua University. Disponível em: <http://www.modibec.org/download/Events/2008/CHNE/Day%202-D4-2%20 Song%20Jian-DTMB_Latest_Development20081027.pdf>. Acesso em: 10/01/2010.

SOUZA, Engo Anivaldo Matias; DANTAS, Marcos; TEIXEIRA, Miguel. *Cartilha da TV Digital*. Minas Gerais, CREA-SENGE, 2007.

SWEDLOW, Tracy. *Boxee Launches New Version Of Its Mlb.Tv Application*: Interactive Televi-
sion Today, 2010. Disponível em:<http://www.itvt.com/story/6614/boxee-launches-new-version-its-mlbtv-application>. Acesso em: 10/3/2010.

TAN, Desney; MORRIS, Dan; SAPONAS, T.Scott. Interfaces on the Go. Journal, *XRDS: Crossroads, The ACM Magazine for Students, The Future of Interaction*, Vol. 16 Issue 4, Summer 2010, New York, ACM, 2010.

TEIXEIRA, Lauro Henrique de Paiva. *Televisão digital*: interação e usabilidade.
Dissertação (Mestado) – Faculdade de Arquitetura, Artes e Comunicação, Universidade Estadual Paulista, Bauru, 2008 (Orientadora: Ana Sílvia Lopes Davi Médola).

TWENEY, Dylan F. Apple Takes Aim at Cable With Tiny New Apple TV. *Wired Magazine*, September 2010.

VARNELIS, Kazys. *Networked Publics*. Cambridge: MIT Press, 2008.

VATAVU, Radu-Daniel; PENTIUC, Stefan-Gheorghe; CHAILLOU, Christophe. On Natural Gestures for Interacting in Virtual Environments, *Advances in Electrical and Computer Engineering*, Suceava, Romania, vol. 5 (12), n. 2/2005, p. 72-79, ISSN 1582-7445.

WAISMAN, Thais. *Usabilidade em serviços educacionais em ambiente de TV Digital*. Tese (Doutorado) – Escola de Comunicações e Artes, Universidade de São Paulo, 2006. (Orientador: Prof. Dr. Fredric Michael Litto).

WALLIS. The Multitasking Generation. *Revista Time*, 19/3/2006. Disponível em: <http://www.time.com/time/magazine/article/0,9171,1174696,00.html>. Acesso em: 11/12/2010.

WARDRIP-FRUIN, Nick; MONTFORT, Noah (Eds.). *The New Media Reader*. Cambridge: MIT Press, 2003.

WEINMAN, Lynda. *Designing Web Graphics 3*. New Riders, 2000.

WILSON, Carol. Does interactive TV need a new interface? *Telephony Online*. March 2009.

Disponível em: <http://telephonyonline.com/residential_services/news/interactive-tv-user-interface-0330/index.html>. Acesso em 22/02/2011.

YOUNGBLOOD, Gene. *Expanded Cinema*. Introd. R. Buckminster Fuller. New York: Dutton, 1970.

ZIMERMANN, Filipe. *Canal de Retorno em TV Digital – Técnicas e abordagens para a efetivação da interatividade televisiva*. Monografia – Departamento de Informática e Estatística, Universidade Federal de Santa Catarina (UFSC), Florianópolis, 2007 (orientador: Mario Antonio Ribeiro).

ZUFFO, Marcelo K. A *Convergência da realidade virtual e internet avançada em novos paradigmas de TV Digital Interativa*. Tese (Livre-Docência) – Escola Politécnica da Universidade de São Paulo, 2001.

Links

Apple – iOS Reference Library
http://developer.apple.com/library/ios/navigation/

b4dtv – Blog for digital TV
http://b4dtv.blogspot.com/2009/01/ferramentas--de-acessibilidade-para-tv.html

Broadband Bananas
http://www.broadbandbananas.com/

Connected TV
http://www.connectedtv.eu/

DTV – Site Oficial da TV Digital Brasileira
http://dtv.org.br/

Especificações técnicas do padrão ISDB-TB – Wikipedia
http://pt.wikipedia.org/wiki/Televisão_digital_no_Brasil

Fórum SBTVD
http://www.forumsbtvd.org.br/

Ginga – Portal do Software Público Brasileiro
http://www.softwarepublico.gov.br/ver-comunidade?community_id=1101545

Ginga – Digital TV Middleware Specification
http://www.ginga.org.br

Google TV
http://www.google.com/tv/

Grupo de Pesquisa da TV Digital Interativa (GPTVDi)
Universidade Católica de Pelotas
www.tvdi.inf.br

Interactive TV Today – Tracy Swedlow
http://www.itvt.com/

International Telecommunications Union (ITU) – IPTV Focus Group (FG IPTV)
http://www.itu.int/ITU-T/IPTV/

iPhone SDK
xcode_3.2.2_and_iphone_sdk_3.2_final.dmg
http://developer.apple.com/library/ios/navigation/

Laboratório Telemídia – PUC – RIO
http://www.telemidia.puc-rio.br/pt/index.html

MIT Media Lab
http://www.media.mit.edu/

Referências

MIT Technology Review
http://www.technologyreview.com/communications/25084/?a=f

Revista New Scientist
http://www.newscientist.com

Telephony Online
http://telephonyonline.com

TVDI – Interatividade e Usabilidade para TV Digital (www.tvdi.inf.br)
http://groups.google.com/group/tvinterativa/

TV Digital Interativa – por Regis Alvim Junot
http://www.via.multimidia.nom.br/tvdi.htm

TV Digital – Social
http://tvdigitalsocial.blogspot.com/

Valdecir Becker – iMasters UOL
http://imasters.uol.com.br/artigo/14324/tvdigital/programando_em_ncl_30/
Acesso em: 19/11/2009

Yahoo! Connected TV
http://connectedtv.yahoo.com

Tecnologia da TV Digital

Anexo 1

Diversos aspectos tecnológicos se aplicam aos vários sistemas de DTV, sendo que algumas funcionalidades podem variar em cada sistema, como a forma de modulação, transmissão e compressão utilizada. O ideal é que haja interoperabilidade entre os sistemas. Nos padrões analógicos, era suficiente transcodificar os programas de um sistema para outro, como de NTSC para PAL-M. Nos sistemas digitais, ou o terminal de acesso é capaz de interpretar o Codificador/Decodificador (CODEC) de vídeo, ou é necessário realizar a conversão do CODEC em uma outra plataforma antes de realizar a transmissão do sinal digital.

Um dos maiores problemas de compatibilidade entre sistemas de TV Digital refere-se aos aspectos interativos da programação e da execução de aplicativos e games que podem ser transmitidos no canal de dados. A adoção de um middleware nos sistemas de TV Digital tem como objetivo prover uma camada comum que permita interoperabilidade entre os diversos componentes do sistema. Aqui destaco aspectos da tecnologia que são relevantes para diversos sistemas de TV Digital.

A.1 Resolução e métodos de compressão de vídeo

A TV Digital pode utilizar diversas resoluções de vídeo, de modo a apresentar uma qualidade mais alta ou mais baixa da imagem na tela. A resolução do vídeo pode ser: de baixa resolução e pequenas dimensões para visualização em celulares e outros dispositivos portáteis; resolução padrão ou standard, cuja qualidade é muito próxima da resolução de imagem da TV Analógica, sendo apropriada para exibição em um parque estabelecido de receptores de TV analógica e outros monitores com resolução equivalente; e a alta resolução (HDTV), cuja resolução é de até 1080 linhas, e o aspecto de tela mais largo tem a proporção 16:9. Recentemente têm sido lançado aparelhos de TV 3D que permitem visualizar programas de TV em três dimensões, utilizando óculos especiais que permitem "juntar" a imagem captada por duas câmeras.

Resolução de vídeo

Utilizamos a seguinte classificação de resolução de vídeo na TV Digital:

- *Low Definition Television – LDTV*, vídeo de baixa resolução, até 320x240, é utilizado em celulares e outros dispositivos móveis; também é uma resolução de vídeo comumente utilizada em web sites.
- *Standard Definition Television – SDTV*, possibilita a transmissão de programas na resolução de vídeo padrão, com 720x480 pixels e aspecto 3x4, e é equivalente ao formato de TV analógico atual. Embora o aspecto mais comum nessa resolução seja 3x4, é possível, em alguns casos, se utilizar o aspecto widescreen 16x9, como nos DVDs que usam a mesma resolução de vídeo com um aspecto de pixel mais distorcido. Importante notar que na resolução standard da TV Analógica o escaneamento entrelaçado (interlaced) reduz ainda mais a resolução efetiva desses monitores, ao passo que os monitores de alta resolução podem utilizar o esca-

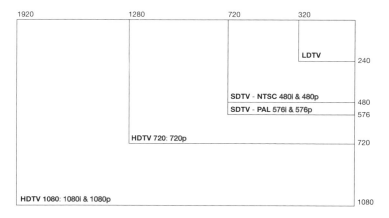

Figura A.1 – Comparação da resolução e aspecto da imagem na TV Digital
Fonte: http://www.tamblue.com/page/2/

neamento progressivo (progressive scan). Entretanto, imagens de escaneamento entrelaçado, quando exibidas em monitores de escaneamento progressivo, podem causar "artifacts" (distorções).

- *High Definition Television – HDTV*, possibilita a transmissão de vídeo em alta definição. A resolução pode ser de 1280x720 ou 1920x1280 pixels (Full HD); em ambos os casos, o aspecto de tela 16x9, conhecido como *widescreen*, aproxima-se das películas cinematográficas e é utilizado em DVDs e na produção digital de filmes.

TV de Alta Definição – HDTV

High Definition Television (HDTV) é a denominação geral de serviços de TV em alta resolução, a qual não precisa ser necessariamente digital, como foi o caso do Japão, pioneiro na transmissão de HDTV. O formato HDTV utiliza o aspecto de tela 16x9, mais próximo da "janela" da maioria dos filmes captados em película, possibilitando uma reprodução mais fiel do enquadramento dos filmes produzidos para o cinema. O padrão HDTV contempla a resolução 1920x1080 pixels ou 1080 linhas horizontais e uma versão com qualidade intermediária com 1280x720 linhas, que permite compatibilidade com equipamentos de vídeo digital no formato DV com 720 linhas. Esse formato também é conhecido com High Definition Vídeo (HDV) e utiliza pixels "não quadrados" ou "anamórficos" e uma compressão maior do que o "Full HDTV".

A imagem de HDTV pode ser formada por 24 ou 30 quadros progressivos por segundo (24p e 30p), sendo que a imagem em 24p se aproxima bastante da imagem cinematográfica. Os aparelhos de TV em alta definição podem exibir as "linhas" de modo progressivo (progressive scan), entrelaçado (interlaced) ou ambos; no caso da imagem entrelaçada, temos 60 linhas ou 60i. Uma observação é que o formato SDTV também permite a exibição de imagens no aspecto 16x9 tanto progressivo como entrelaçado, o que já é suportado pelo padrão de Digital Video Disc (DVD) convencional.

Compressão de vídeo e Multicasting

A compressão MPEG-4 adotada no Brasil permite reduzir o tamanho dos dados do vídeo, transmitido de modo que possa distribuir até oito canais de vídeo em resolução padrão SDTV ou um programa em HDTV em um canal de TV Digital de 6MHz. A compressão também permite escalabilidade do vídeo para recepção em aparelhos móveis em uma banda ainda menor. Multicasting possibilita a transmissão de vários canais de vídeo em diversas resoluções em um único canal de TV Digital.

Como a frequência alocada para cada emissora transmitir HDTV comporta um canal de HDTV na sua resolução mais alta, e com o desenvolvimento dos padrões de compressão de áudio e vídeo, é possível utilizar a largura de banda (*Bandwidth*) disponível para transmitir vários canais de vídeo em resolução padrão ou dois canais em HDTV em resolução mais baixa (utilizando uma taxa de compressão mais alta). Essa técnica é denominada Multicasting, que vem das palavras *Multiplexing*, tecnologia que permite a compressão e distribuição de vários canais de vídeo em uma única faixa de frequência, e *Broadcasting*. Os dois esquemas a seguir demonstram como uma emissora pode utilizar o mesmo espec-

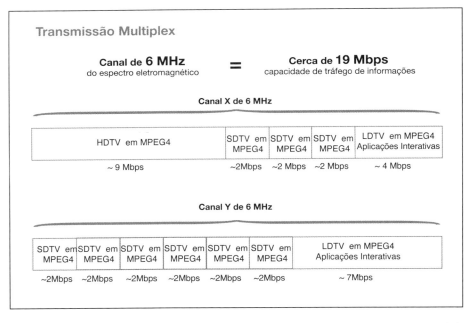

Figura A2 – Transmissão Multiplex em diversas resoluções em um canal de 6MHz de TV Digital
Fonte: www.via.multimidia.nom.br

tro alocado para ela na TV Digital para transmitir programas com resoluções diversas.

A.2 Receptores e conversores para a TV Digital (STBs)

Para que os dados transmitidos no sinal da TV Digital sejam decodificados, é necessária a utilização de um receptor, o conversor digital conectado a um monitor. Esse receptor pode ser incorporado aos aparelhos de TV Digital ou conectado externamente a um aparelho de TV analógico ou digital, como no caso da TV a cabo. A recepção da TV Digital depende da integração de componentes de hardware, middleware e software.

Segue um esquema adaptado de Gawlinsky (2003) demonstrando como estão relacionados o hardware, o middleware e o software na TV Digital:

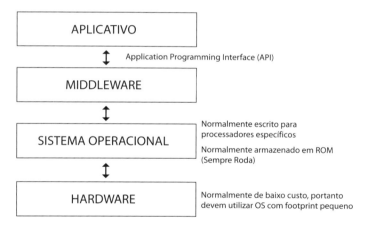

Figura A.3 – Hardware, Middleware e Software na TV Digital
Fonte: Gawlinksy, 2003

Set-top Boxes – STB

O *Set-top Box* (STB) é como denominamos genericamente uma caixa que pode ser colocada "em cima" de um aparelho de TV expandindo sua funcionalidade. No início, essas caixas eram dedicadas a uma função, começando com os conversores de UHF, passando pelos primeiros conversores de TV a cabo e de satélite que, com o tempo, passaram a incluir cada vez mais funcionalidades. Hoje, dentro dessas caixas estão pequenos computadores, com discos rígidos, memória e programas, assim como diversos tipos de entradas e saída de áudio.

No Brasil, a especificação do SBTVD refere-se ao Set--Top Box como terminal de acesso, aparelho receptor e conversor facilitando a transição da TV analógica para a TV Digital e também permitindo a interatividade. A pesquisa de referência do terminal de acesso (BECKER, 2005) para o SBTVD foi desenvolvida pelo Laboratório de Sistemas Integráveis da Escola Politécnica da USP (LSI-USP) sob a coordenação de Marcelo Knörich Zuffo e Domingos Kiriakos Stavridis e contou com a colaboração de outros centros de pesquisa como o Mackenzie, UFPB, UFRN, PUC-RIO, USP/São Carlos e as empresas SM Microeletronics, Intel, IPV6, Superwaba, Gradiente, Samsung e Instituto Casablanca (Consórcio TAR-SBTVD).

Componentes do Set-Top Box

O hardware encontrado dentro dos Set-Top Boxes é composto de diversos componentes que possibilitam realizar as funções da TV Digital e "rodar" o middleware e, consequentemente, os aplicativos. Segundo Gawlinsky (2003), os principais componentes dos STBs são:

- *Sintonizador* – Separa as frequências de rádio em canais particulares de informação.

- *Demodulador* – Controla os pulsos e fluxo de dados digitais.

- *Demultiplexador* – Converte o código binário separando vídeo, áudio e dados.

- *Acesso Condicional* – Determina pacotes de canais assinados ou bloqueados, lida também com criptografia.

- *Placa de Vídeo e Placa de Áudio* – Saídas de imagem e som. A saída de vídeo pode ser em Vídeo Composto, Vídeo Componente, Digital Video Interface (DVI) ou Rádio Frequência (RF); o áudio pode ser composto ou digital.

- *CPU* – Acessa o processador gráfico, a memória, administra os componentes e roda programas.

- *RAM e ROM* – Algumas caixas possuem capacidades adicionais de armazenamento de dados utilizando, por exemplo, discos rígidos, permitindo gravar programas, pausá-los ou armazenar videogames.

- *Smartcard* – Guarda informações do assinante que são utilizadas pelo sistema de acesso condicional.

- *Modems* – Os modems são utilizados como canal de retorno, ou podem permitir o acesso à internet utilizando a infraestrutura de um sistema de TV a cabo.

- *Interfaces Físicas* – Permitem estender a funcionalidade a outros dispositivos (aparelhos). As caixas (STBs) normalmente incluem as interfaces:

  - Paralela IEEE 1284 e Serial RS232
  - USB (Universal Serial Bus)
  - IEEE 1394 (Firewire) com alta taxa de transferência de dados.
  - PCMIA
  - Base T – Ethernet
  - Bluetooth

- *Controle Remoto* – Permite o controle das operações básicas do STB e navegar as interfaces dos softwares instalados no STB e a interação com aplicativos e programas interativos.

  - Infravermelho (IR)
  - Teclado Infravermelho
  - Wi-fi

- *Canal de Retorno* – Uma conexão de linha discada até uma conexão de banda larga (como o DSL) permitem o retorno de dados, desde texto a vídeos em qualidade broadcast. A desvantagem é que vários podem requisitar a mesma informação ao mesmo tempo, congestionando a rede.

A figura a seguir esquematiza o funcionamento do receptor de TV Digital, que pode tanto estar incorporado ao aparelho televisor quanto estar em uma caixa conversora, o STB.

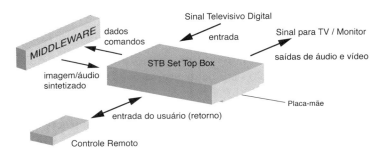

Figura A.4 – O equipamento receptor de TV Digital
Fonte: *Cartilha da TV Digital* – CREA-MG

A.3 Hardware, middleware e software

Os STBs normalmente são equipados com hardware de baixo custo, portanto, devem utilizar um sistema operacional (OS) bastante leve. Como nem todos os fornecedores de caixas de TV Digital usam o mesmo hardware e OS, a solução encontrada foi a utilização de um middleware que, através do Application Programming Interface (API), permite dialogar com o software os programas e aplicativos de diversas maneiras; os aplicativos podem ser um Guia Eletrônico de Programação (EPG), conteúdo interativo de um programa ou gerenciador de filmes arquivados no DVR (GAWLINSKY, 2003).

Os fabricantes de STBs podem adotar diferentes arquiteturas de hardware e sistemas operacionais e, para evitar que as aplicações devam ser reescritas para cada hardware e sistema operacional, optou-se por prover uma API genérica, possibilitando a portabilidade das aplicações. O middleware é uma camada de software que fica entre o sistema operacional e os aplicativos (BRENNAND; LEMOS, 2007).

> O objetivo do middleware é oferecer um serviço padronizado às aplicações, escondendo as especificidades e heterogeneidades das camadas de hardware e sistema operacional, que dão suporte às facilidades básicas de codificação, transporte e

modulação de um sistema de TV Digital (BRENNAND; LEMOS, 2007: 129)

A portabilidade das aplicações é essencial para estimular o desenvolvimento de aplicações para a TV Digital em um sistema horizontal, que, caso contrário, seria inviável economicamente caso não houvesse compatibilidade dos aplicativos com os aparelhos de diversos fabricantes.

O middleware comunica-se com o sistema operacional de uma forma controlada, reduzindo as possibilidades de "crash". Além disso, padroniza os comandos e ferramentas de programação. Como a linguagem é consistente, o programador não precisa testar como o aplicativo irá funcionar em uma caixa específica ou em diversas configurações de hardware. Alguns exemplos de sistemas de middleware proprietário são: Open TV, TV Navigator, Microsoft TV, Liberate (GAWLINSKY, 2003).

O método de comunicação dos aplicativos com o middleware é a Application Programming Interface (API). Alguns utilizam APIs baseados em linguagens de computação como Java ou C, permitindo desenvolver programas que serão utilizados pelo telespectador (como EPG, e-mail, games). Alguns middlewares permitem que o programador utilize uma "máquina virtual", possibilitando que o programado "visualize" como seu programa irá rodar no STB que utiliza o middleware.

Middleware nos diversos sistemas de TV Digital

Cada sistema de TV digital tem adotado um middleware próprio; recentemente tem havido uma preocupação em buscar a compatibilidade e portabilidade de programas interativos de um sistema para outro. Uma proposta é o Globally Executable MHP (GEM), permitindo a execução global de aplicações (MORRIS; SMITH-CHAIGNEAU, 2005).

DVB-MHP

Os membros do grupo DVB perceberam que seria necessário encontrar uma forma de padronizar uma estrutura para o software, middleware e suas APIs de modo que se criassem serviços interativos interoperáveis. Para isso, criaram a especificação Digital Video Broadcasting – *Multimedia Home Platform* (DVB – MHP).

DASE

Nos EUA, a ATSC adotou seu próprio padrão de middleware: o Digital Television Applications Software Environment (DASE), que permite a programação de conteúdo e aplicativos. As aplicações do DASE adotam linguagens procedurais como o Java TV e declarativas, que suportam a execução de aplicações na linguagem Hyper Text Markup Language (HTML) (BRENNAND; LEMOS, 2007) e têm questões de interoperabilidade que foram mais bem resolvidas no MHP.

ARIB

O padrão ISDB adota o middleware ARIB (Association of Radio Industries and Business). O modelo de programação do ARIB é baseado na linguagem declarativa Broadcast Markup Language (BML), que por sua vez é baseada na Extensible Markup Language (XML).

GINGA

O SBTVD, ao adotar o padrão ISDB-T para a transmissão e modulação, optou por especificar um middleware nacional, o Ginga, uma camada intermediária de software (middleware) que possibilita desenvolver aplicações interativas para a TV Digital. O middleware GINGA é resultado de pesquisas da Pontifícia Universidade Católica do Rio de Janeiro (PUC-Rio) e da Universidade Federal da Paraíba (UFPB), incorporando tecnologia nacional que tornou o middleware adequado à realidade brasileira, enquanto mantém especificações de ponta em TV Digital Interativa (TVDI) (MONTEZ; BECKER, 2005).

O Ginga utiliza dois ambientes de programação: um declarativo, o Ginga-NCL, e outro procedural, o Ginga-J, baseado na API do Java, que se comunicam através de um centro comum a ambos, permitindo a escolha do ambiente de programação mais adequado. No Portal do Software Público Brasileiro (http://www.softwarepublico.gov.br), é possível baixar a documentação, exemplos e emuladores para a programação em Ginga. No site é possível baixar o programa de autoração Composer, que permite criar programas interativos em um ambiente gráfico que não requer conhecimentos de programação. O emulador Ginga-NCL permite visualizar em

A.4 Distribuição da TV Digital

A TV Digital pode ser transmitida por cabo, via satélite ou por redes terrestres, cada sistema de transmissão tem suas particularidades e vantagens. O sinal da TV, ao ser digitalizado, é codificado pelo MPEG encoder em um único fluxo elementar contendo uma unidade de conteúdo de áudio e vídeo (MORRIS; SMITH-CHAIGNEAU, 2005). O fluxo de transporte pode, também, conter diversos canais de DTV,[87] como vimos quando foi apresentado o conceito de Multiplexing.

Uma vez que o fluxo de dados está codificado, ele poderá ser transmitido. "A última etapa do processo é a modulação: converter o fluxo de bits digitais em uma onda analógica transmissível" (MORRIS;SMITH-CHAIGNEAU, 2005). Cada sistema de TV Digital pode ter um esquema próprio de modulação, mas, em todos os casos de distribuição, seja terrestre, por cabo ou satélite, os dados são modulados dentro de uma frequência do espectro analógico; a exceção é a distribuição por IPTV, em que os dados são distribuídos pela internet.

A transmissão pode ser unidirecional, por um canal broadcast *Forward Path*, ou bidirecional (GAWLINSKI, 2003); nesse caso, a comunicação interativa se dá por um canal de retorno. No caso da transmissão unidirecional, é possível que haja interatividade do telespectador, quando dizemos que a interatividade é local. Normalmente dois tipos de dados são transmitidos: um aplicativo como, por exemplo, o EPG (que também pode ter componentes residentes no STB), e os dados utilizados pelo aplicativo como fotos, textos e gráficos.

TV Digital Terrestre

Mesmo com o início da transmissão de TV Digital, pouca gente sabe que apenas com um receptor de TV Digital, ou uma caixa conversora e uma antena, é possível receber em casa o sinal da TV Digital terrestre gratuitamente. Além da falta de uma divulgação mais eficiente por meios oficiais, uma possível explicação para a desinformação ou desinteresse da

---

87 "In the context of DTV, an MPEG program may also be known as a 'service' or a 'channel', but all of these terms mean the same thing."(MORRIS, SMITH-CHAIGNEAU, 2005).

população é uma questão perceptual.[88] Outra explicação é a falta de aplicativos e interesse pela interatividade.

A transmissão terrestre da TV Digital é bastante robusta, os dados digitais são modulados em ondas de rádio, e não há perda na recepção, como no caso de fantasmas encontrados na TV Analógica. Mediante técnicas de compressão de vídeo, como as padronizadas pelo MPEG-2 e MPEG-4 (a última sendo implementada no ISDB), um volume maior de dados audiovisuais pode ser transmitido na mesma banda. A TV Digital terrestre pode ser recebida por dispositivos móveis como celulares e a TV Digital móvel também pode ser recebida por veículos e meios de transporte como ônibus, táxis e trens.

TV Digital via Cabo

A televisão a cabo (CATV) é um sistema de distribuição de programas de televisão, rádio e dados através de cabos coaxiais fixos, em vez de se transmitir o sinal via antenas de rádio (televisão aberta). A maioria dos sistemas de TV a cabo são serviços por assinatura, como NET e TVA em São Paulo, mas existem também serviços comunitários de TV a cabo. Geralmente os canais na TV a cabo são recebidos em um local central e distribuídos aos assinantes do sistema utilizando uma rede de fibra ótica e cabos coaxiais. A TV a cabo originalmente analógica permite, hoje, a transmissão de TV digital com uso da mesma infraestrutura de cabos e fibras ao utilizar um conversor digital. As operadoras de TV a cabo recebem o sinal digital das emissoras e o retransmitem para os assinantes, que podem utilizar um STB analógico ou digital (SDTV ou HDTV).

TV Digital via Satélite – DTH

DTH é a abreviação em inglês de *Direct to home*, que quer dizer "direto para casa". A transmissão DTH é realizada via satélite, e o sinal de TV pode ser recebido em casa por meio de pequenas antenas em forma de disco. No Brasil, conhecemos esse serviço pelas operadoras de TV por assinatura, como a SKY e Direct TV. Antes do início das transmissões terrestres de TV Digital, as operadoras de DTH já estavam transmitindo o sinal digital na resolução SDTV para os seus assinantes utilizando plataformas proprietárias. Com o crescimento

88 Uma matéria publicada recentemente no site da revista *New Scientist* descreve a pesquisa de Lidwien van de Wijngaert (2009), da Universidade de Twent, na Holanda, que realizou testes com espectadores de TV que eram levados a acreditar, por meio de cartazes fixados na sala, que estavam assistindo à TV de Alta Definição (HDTV). Na realidade, o que viram no aparelho de HDTV no formato 16x9 era um sinal de resolução padrão (SDTV), mas acreditavam que assistiam a uma TV de alta definição.

Tecnologia da TV Digital

da produção em HDTV e a oferta de canais de TV Digital transmitindo em HDTV, as operadoras de DTH passaram a oferecer canais em HD na sua grade de programação.

IPTV

Em vez de utilizar métodos dedicados à transmissão do sinal de TV, como frequências de rádio, sinal via satélite ou TV a cabo, um outro sistema pelo qual se pode distribuir a TV digital é a Internet Protocol Television (IPTV). Com a arquitetura de rede comutada utilizando o protocolo da internet, é possível prover um serviço de TV Digital aproveitando a infraestrutura da internet (I.T.U., 2008). Existem várias modalidades de IPTV:

- TV ao Vivo, em que é possível ajustar a banda de dados enviados à velocidade da rede, de modo a transmitir TV com qualidade broadcast (720 x 480) Standard Definition TV (SDTV), utilizando o backbone da internet.
- Vídeo sob demanda, como é o caso da Apple TV, pelo qual é possível "baixar" filmes e programas de TV.
- Programação Destemporalizada, Time Shifted TV, em que a grade de programação de um canal está disponível em horários diferentes.

Um serviço de IPTV não deve ser confundido com sites da World Wide Web (WWW) que oferecem serviços multimídia como o YouTube e o Net Flix. Existe uma regulamentação específica e normatização da distribuição de IPTV, por órgãos reguladores como a European Telecommunications Standards Institute (ETSI). A forma de implementação do IPTV é preferencialmente através de redes de alta velocidade dedicadas a uma base de assinantes que tem acesso a estes serviços utilizando Set-Top Boxes (STBs), caixas conversoras que, de modo geral, utilizam acesso condicional e tecnologias proprietárias.

Existem vários serviços de IPTV em funcionamento, como Imagenio, nome comercial da IPTV da Telefónica da Espanha, um serviço de televisão sobre ADSL. Empresas como Verizon, AT&T Alcatel Lucent, NEC, Thomson, Ericson atuam na área e recentemente tem havido um crescimento das operadoras de IPTV, sobretudo na Ásia.

Lista de Siglas   Anexo **2**

ACM – Association for Computing Machinery

ANATEL – Agência Nacional de Telecomunicações

API – Application Programming Interface

APP – Application Software

ARIB – Association of Radio Industries and Business

ARG – Alternate Reality Games

ATSC – Advanced Television Systems Committee

BCI – Brain Computer Interfaces

BML – Broadcast Markup Language

CATV – Cable TV

CDMA – Code Division Multiple Access

CODEC – Codificador/Decodificador

CPU – Central Processing Unit

CRM – Customer Relationship Management

DASE – Digital Television Applications Software Environment

DTH – Direct to Home

DTMB – Digital Terrestrial Multimedia Broadcast

DTV – Digital Television

DVB – Digital Video Broadcast Group

DVD – Digital Video Disc

DVI – Digital Video Interface

DVR – Digital Video Recorder

ETSI – European Telecommunications Standards Institute

FCC – Federal Communications Comission

FUNTTEL – Fundo para o Desenvolvimento Tecnológico de Telecomunicações

GEM – Globally Executable MHP

GUI – Graphical User Interface

HD – Hard Drive

HDTV – High Definition TV

HTML – Hypertext Markup Language

IBOPE – Instituto Brasileiro de Opinião Pública e Estatística

IHC – Interação Humano-Computador

IPTV – Internet Protocol TV

ISDB – Integrated Services Digital Broadcast

ITU – International Telecommunications Union

ITV – Interactive Television

LCD – Liquid Cristal Display

LDTV – Low Definition Television

LED – Light Emitting Diode

MHP – Multimedia Home Platform

MPEG – Moving Picture Experts Group

NAB – National Association of Broadcasters

NUI – Natural User Interface

PC – Personal Computer

PTPTV – Peer to Peer TV

PVR – Personal Video Recorder

RAD – Rapid Applications Development

RAM – Random Access Memory

ROM – Read Only Memory

RUP – Rational Unified Process

SBTVD – Sistema Brasileiro de TV Digital

SDTV – Standard Definition Television

SIGCHI – Special Interest Group on Computer Human Interaction

SMS – Short Message Service

STB – Set-Top Box

RF – Radio Frequency

TUI – Tangible User Interface

TVDI – Televisão Digital Interativa

WIFI – Wireless Fidelity

WiMAX – Worldwide Interoperability for Microwave Access

WIMP – Window Icon Menu Pointing Device

WYSIWYG – What You See Is What You Get

WWW – World Wide Web

XML – Extensible Markup Language